Petra Harms

18 Spiele zur Förderung mathematischer Kompetenzen

Mathematische Hürden spielerisch überwinden

Petra Harms ist 1967 in Bremen geboren. Seit 2000 ist sie Förderschullehrerin in Niedersachsen. Sie hat sowohl schwerpunktmäßig an der Grundschule als auch an der Förderschule im Bereich des Lernens gearbeitet. Darüber hinaus hat sie Erfahrungen an der Oberschule sammeln können. Seit vier Jahren fördert sie in einer Grundschule sowohl Schüler mit Schwierigkeiten in Mathematik und Deutsch als auch Schüler mit Unterstützungsbedarf im Bereich des Lernens.

5. Auflage 2025

AAP Lehrerwelt GmbH
Veritaskai 3
21079 Hamburg
Telefon: +49 (0) 40325083-040
E-Mail: info@lehrerwelt.de
Geschäftsführung: Andrea Fischer, Sandra Saghbazarian
USt-ID: DE 173 77 61 42
Register: AG Hamburg HRB/126335

Autorschaft: Petra Harms
Covergestaltung: TSA&B Werbeagentur GmbH, Hamburg
Illustrationen: Katharina Reichert-Scarborough
Satz: Satzpunkt Ursula Ewert GmbH, Bayreuth
Druck und Bindung: Druckerei Joh. Walch GmbH & Co KG, Augsburg

ISBN/Bestellnummer: 978-3-403-23671-9
www.persen.de

Inhaltsverzeichnis

Inhaltsverzeichnis

Vorwort

Seit Jahren fördere ich Schüler mit Rechenschwierigkeiten, berate Eltern sowie Lehrer der allgemeinbildenden Schulen. Es handelt sich dabei zum Teil um Schüler mit einem sonderpädagogischen Unterstützungsbedarf im Bereich des Lernens, zum anderen aber auch um Regelschüler mit einem erhöhten Förderbedarf im Bereich Mathematik.

Es gibt eine Reihe von Schülern, die eine besondere Förderung im arithmetischen Anfangsunterricht benötigen. Sehr häufig zeigen sich die Rechenschwierigkeiten darin, dass es diesen Schülern nicht oder nur unzureichend gelingt, sich vom zählenden Rechnen zu lösen, ein Stellenwertverständnis aufzubauen sowie Grundvorstellungen zu Zahlen und Rechenoperationen zu entwickeln.

Dass man Kindern spielerisch leichter Lerninhalte vermitteln kann, ist allgemein anerkannt und kein neuer Aspekt. Es gibt unglaublich viele Förderspiele und Arbeitsblätter im mathematischen Bereich, die entweder isoliertes, funktionsorientiertes Training bedeuten oder die versuchen, einfache „Abfragaufgaben" spielerisch zu verpacken. Mathematische Spiele, die Kindern mit Schwierigkeiten im mathematischen Bereich wirklich nutzen, gibt es nur wenige.

In der Förderung wird „spielerisch" leider häufig missverstanden. Es geht nicht darum, ein 1×1-Puzzle zu legen oder Rechenaufgaben zu lösen, um ein Feld vorzurücken. Dies sind Spiele, die sich eignen, um Kindern, die bereits Rechenaufgaben lösen können, zu unterschiedlichen Übungsformen zu verhelfen, sodass das Üben nicht ganz so langweilig ist. Diese Spiele haben also damit durchaus eine Berechtigung im Mathematikunterricht. Kinder mit Rechenschwierigkeiten erfahren allerdings durch solche Spiele weiterhin, dass auch „spielerisches Rechnen" keinen Spaß macht. Ich möchte mich davon klar abgrenzen und meine Spielideen für die individuelle Förderung, so wie ich sie in Beratungsgesprächen weitergebe und in der Kleingruppen- und Einzelförderung durchführe, auch anderen zur Verfügung stellen.

Die angebotenen Spiele sind als Ergänzung für die individuelle Förderung gedacht und auch gut geeignet, um differenzierte Unterrichtskonzepte, beispielsweise mit Fördergruppen, umzusetzen. Die Spiele sind kurzweilig und aufgrund einfacher Regeln leicht umsetzbar. Sie lassen sich gut in die individuellen Förderpläne integrieren, da sie darauf ausgerichtet sind, gezielt einzelne mathematische Kompetenzen zu verbessern und ihre Anwendung einen nur geringen zusätzlichen Zeitaufwand bedeutet. Es sind einfache Spiele mit übersichtlichen Spielplänen als Kopiervorlagen, die nie länger als 20 Minuten dauern sollten. Da es für die mathematische Förderung unabdingbar ist, Veranschaulichungsmaterial zu benutzen, ist das Veranschaulichungsmaterial in der Regel wesentlicher Bestandteil der Spiele.

Die Bedeutung von Veranschaulichungsmaterial in der Förderung

Oftmals wird erwartet, dass Kinder ein Verständnis für mathematische Operationen und Grundvorstellungen erwerben, indem Lehrerinnen und Lehrer ihnen Rechenwege aufzeigen. In der Regel werden Rechenoperationen am Material erklärt und dann auf der Symbolebene dargestellt. Für viele Kinder scheint sich aber genau dieser Übergang auf die symbolische Ebene im Mathematikunterricht zu schnell zu vollziehen. Vielfach reicht es nicht, gezeigt zu bekommen, wie etwas gerechnet wird, um es dann selber auf symbolischer Ebene nachvollziehen zu können. Wenn Kinder nicht auf geeignetes Veranschaulichungsmaterial zurückgreifen können, wählen sie altbekannte Lösungsstrategien, um ihre Aufgaben zu lösen. Sie versuchen, Aufgaben zählend zu lösen, da dies ihnen am einfachsten erscheint.

Oft bekommen Kinder mit Schwierigkeiten beim Rechnen Veranschaulichungsmaterial zur Verfügung gestellt, um Rechenoperationen auf der Symbolebene alleine lösen zu können. Das Material dient den Kindern jedoch zumeist nur als Hilfe, um Rechenoperationen zu lösen. Setzt man Material nur als Lösungshilfe ein, hilft es dem Kind nicht, mentale Vorstellungsbilder mathematischer Inhalte aufzubauen. Es bleibt abhängig vom Material und lernt nicht, dieses nur als Vorstellungshilfe zu nutzen. Wie soll ein Kind, das Aufgaben ausschließlich zählend löst, beispielsweise die Aufgabe 5 + 8 lösen, wenn ihm lediglich Plättchen zur Verfügung gestellt werden, um die Aufgabe zu lösen? Es kann nur wieder die Plättchen abzählen. Damit kommt es zur richtigen Lösung, eine Idee für einen alternativen Rechenweg wird es so aber nicht bekommen. Veranschaulichungsmaterial sollte mehr als nur eine Lösungshilfe sein, es sollte die Möglichkeit enthalten, dass ein Kind Rechenwege nachvollziehen kann. Ebenso reicht es nicht, dem Kind beispielsweise einen Rechenrahmen zur Verfügung zu stellen, um Aufgaben zu lösen, wenn dem Kind der Umgang damit nicht hinreichend erklärt wird. Selbst bekannte Veranschaulichungsmaterialien müssen eingeführt und ihre Struktur erklärt werden, da sie sonst nicht entsprechend genutzt werden können.

Es ist wichtig, den Kindern die Rechenwege zu erläutern und über das Material zu sprechen. Ist ein Rechenweg „neu“ für ein Kind und kann es diesen „neuen“ Rechenweg nicht auf symbolischer Ebene nachvollziehen, muss dieser Rechenweg vom Kind so lange handelnd nachvollzogen werden, bis der Rechenweg auf symbolischer Ebene angewendet werden kann. Erkenntnisgewinn ist ein aktiver Prozess, der Umgang mit Material ist unerlässlich, um ein Verständnis für mathematische Operationen und Grundvorstellungen zu entwickeln.

Muggelsteine

Rechenrahmen

Wendeplättchen

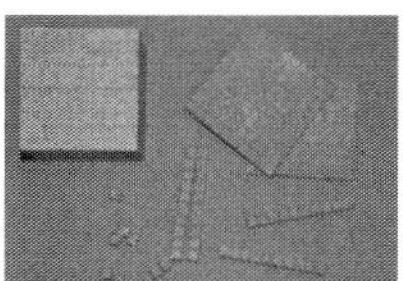

Mehrsystemblocksatz

Der Einsatz der Spiele in der mathematischen Förderung

Man kann die meisten Spiele sowohl in der Einzel- als auch in der Kleingruppenförderung einsetzen. Die Spiele sind so konzipiert, dass sie unkompliziert in den Förderunterricht integriert werden können. Entsprechend der individuellen Förderplanung wählt man sich ein Spiel aus und sucht dafür das notwendige Material heraus.

Das ausgesuchte Spiel kann sehr unterschiedlich in der Förderung eingesetzt werden. Man kann zu einem Förderaspekt gleich zu Beginn der Stunde arbeiten und dann am Ende das Spiel einsetzen, um die Inhalte zu vertiefen. Man kann aber auch eine Stunde mit einem Spiel beginnen und dann an entsprechenden Aufgaben erläutern, wie das Gelernte angewendet werden kann.

Zu den meisten Spielen ist eine kleine Story vorhanden, die aber lediglich als Anregung dienen soll. Die kleinen Storys lassen sich nach eigenem Geschmack verändern oder können weggelassen werden. Die Spiele lassen sich auch ohne die kleinen Geschichten spielen.

Die Spiele sind bewusst schwarzweiß, damit sie als Kopiervorlagen eingesetzt werden können. Für viele Kinder ist es sehr motivierend, wenn sie ihren Spielplan selber anmalen dürfen. Aus diesem Grunde können die Spielpläne größtenteils auch von den Kindern selbst individuell gestaltet werden.

Wenn man die Spiele häufig für den Förderunterricht nutzen möchte, ist es sinnvoll sich einen Materialkoffer zusammenzustellen. Im Folgenden befindet sich eine eine Auflistung der für die Spiele benötigten Materialien. Anstatt der angegebenen Würfel können bei den meisten Spielen auch die Zahlenkarten von S. 11 verwendet werden. Hierzu werden die benötigten Zahlenkarten gemischt und auf einen Stapel gelegt. Die Schüler nehmen die oberste Karte und tun sie nach dem Spielzug wieder in den Stapel.

- 5 Spielfiguren (rot, schwarz, blau, grün, gelb)
- Zahlenkarten (1–12) (Die Kopiervorlage dazu ist im Spiel „Die diebische Elster“)
- verschiedene Würfel:
  - → zehn bunte Augenwürfel 1–6,
  - → ein Zahlenwürfel 1–6, alternativ: Zahlenkarten 1–6 nutzen (S. 11)
  - → ein Zahlenwürfel 7–12, alternativ: Zahlenkarten 7–12 nutzen (S. 11)
  - → ein Zahlenwürfel 1–12
  - → zehn Zahlenwürfel 1–10 (für das Spiel „Die schrecklichen Monster“, in den Spielen „Das fleißige Bienchen“ und „Die klugen Könige und Königinnen“ können auch die Zahlenkarten 1–10 von S. 11 verwendet werden),
  - → zwei oder drei Zahlenwürfel 1–9, alternativ: zwei oder drei Stapel mit Zahlenkarten 1–9 nutzen (S. 11)
- ca. 30 Wendeplättchen (Ø 2,5 cm)
- ca. 60 Wendeplättchen (Ø 1,6 cm)
- Muggelsteine
- Mehrsystemblocksatz (ein Hunderter, mehrere Zehner und Einer)
- mindestens zwei Rechenrahmen (bis 100)
- Zwanzigerfeld
- Bunt- und Bleistifte
- ein Würfelbecher

Thema der Förderung:

Zählen zum Bestimmen der Anzahl

Allgemein:

Manchen Kindern bereitet es Schwierigkeiten, Mengen zu bestimmen. Die Eins-zu-Eins-Zuordnung gelingt noch nicht. Es müssen immer wieder Zählanlasse geschaffen werden, damit das Kind lernt, dass jedem Element der zu zählenden Menge genau ein Zahlwort der aufsteigenden Zahlreihe zugeordnet werden muss. Dieses Spiel eignet sich gut, um immer wieder Zählanlasse zu schaffen. Dabei können immer wieder andere Gegenstände ausgewählt werden, die im Spiel gezählt werden sollen. Es kann so oft wiederholt werden, bis das Kind in der Lage ist, Mengen abzuzählen. Gleichzeitig lernt das Kind die Zahlwörter und die entsprechenden Zahlbilder von 1–12 kennen oder wiederholt diese.

Einzelförderung:

In der Einzelförderung kann mit einem Kind zusätzlich besprochen werden, wie es ihm gelingen kann, Mengen genau abzuzählen. Man kann Gegenstände antippen oder von einer Seite zur anderen schieben, um Anzahlen genau zu bestimmen.

Es besteht die Möglichkeit, dieses Spiel für die Diagnostik zu nutzen. Es lässt sich leicht erkennen, ob ein Kind zählen kann, Mengen bestimmen kann, die Zahlwörter und die Zahlen kennt.

Kleingruppenförderung:

Dieses Spiel eignet sich in der Kleingruppe eher dann, wenn man pro Zahl (1–12) verschiedene Mengen anbietet, sodass die Kinder herausgefordert sind, Mengen auch tatsächlich neu zu bestimmen.

Sprachliche Förderung/Förderung Deutsch als Zweitsprache:

Es lassen sich gezielt Gegenstände heraussuchen, die gelernt werden sollen. Dadurch können neben den Zahlwörtern auch Wörter geübt werden.

Die diebische Elster: Spielregeln

Story:

Es wird den Elstern nachgesagt, dass sie viele Gegenstände in ihrem Nest sammeln. Tatsächlich sammelt die Elster Sachen, um sie zu untersuchen, und – falls möglich – wegzutragen. Besonders interessant sind für sie rundliche, silbrig glänzende Gegenstände, die sie einzeln unter ein wenig Laub oder Gras verstecken. Unsere Elstern können alles gebrauchen. Welche Elster stiehlt die meisten Dinge?

Vorbereitung: Um das Spiel spielen zu können, müssen vorher kleine Dinge herausgesucht werden, um die Mengen von 1–12 auf dem Spieltisch auslegen zu können. Es eignen sich Figuren, Spielzeugautos, Plättchen, 1-Cent-Stücke, Steine, Stifte, Scheren, Kleber usw. Außerdem müssen die „Eier“ ausgeschnitten werden oder andere Zahlenkarten (1–12) herausgesucht werden.

Material: Ein Zahlenwürfel (1–12), 12 Mengen von 1–12, Eier (Zahlenkarten von 1–12), pro Spieler je ein Spielplan „Die diebische Elster“

Ziel: Gewonnen hat derjenige, der die meisten Eier (Zahlenkarten) in seinem Nest gesammelt hat.

Spielanweisung:

Jeder hat einen Spielplan „Die diebische Elster“. Es wird immer abwechselnd gewürfelt.

1. Würfle mit dem Würfel (Zahlen 1–12).
2. Suche die entsprechende Menge heraus (bei 3 eine passende Menge bestehend aus 3 Elementen usw.).
3. Nimm dir nun die entsprechende Zahlenkarte und lege sie in dein Nest.
4. Würfelt ein anderer eine bereits gewürfelte Anzahl, sucht er die passende Menge erneut heraus und stielt sich die Zahlenkarte aus dem anderen Nest und legt sie in sein eigenes Nest.
5. Sind die Zahlenkarten aufgebraucht, wird geguckt, wer die meisten Zahlenkarten (Eier) in seinem Nest hat. Derjenige mit den meisten Zahlenkarten (Eiern) gewinnt.

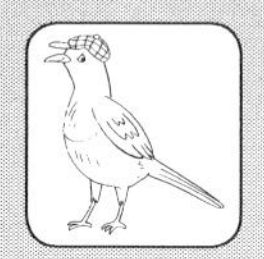

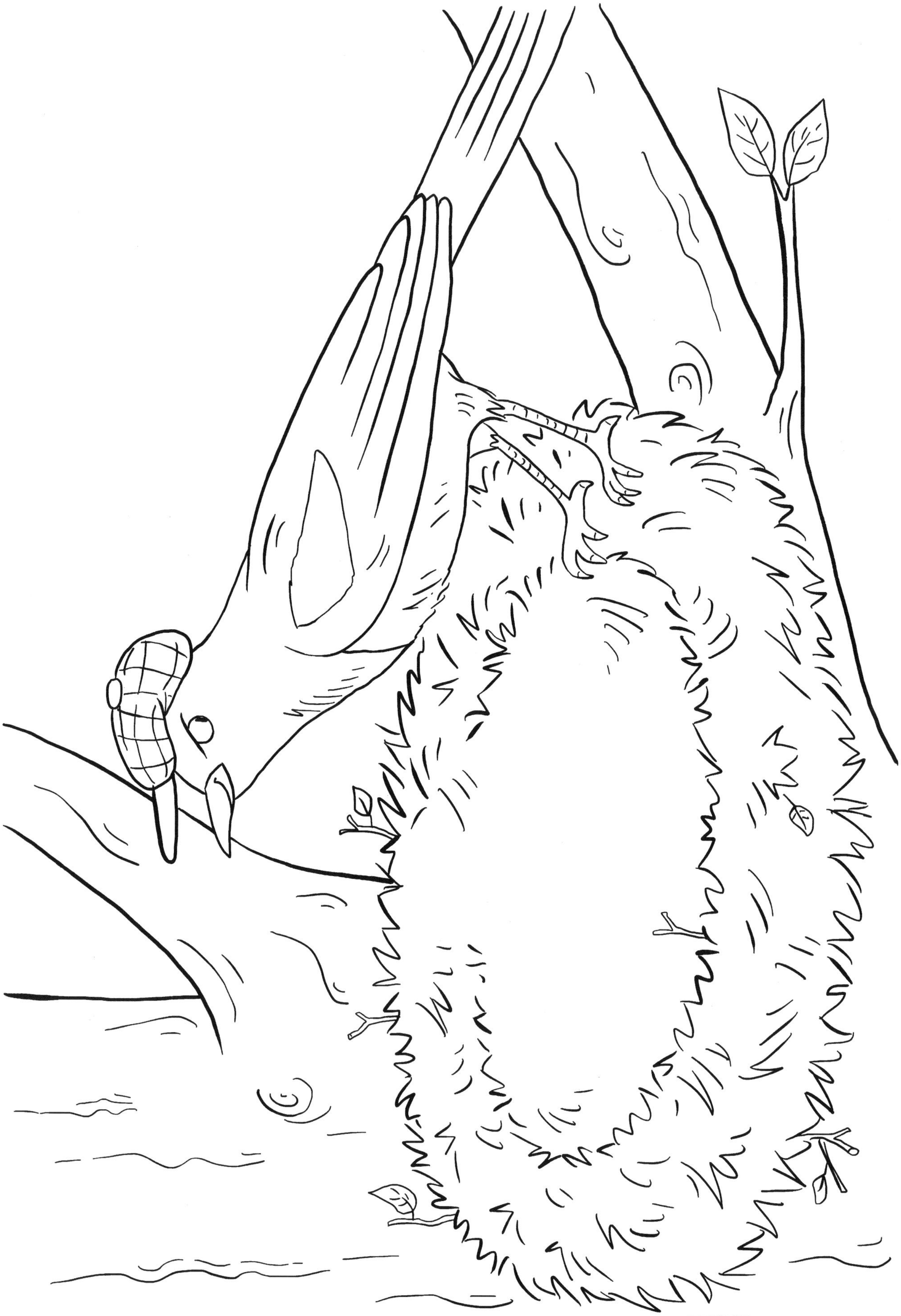

Petra Harms: 18 Spiele zur Förderung mathematischer Kompetenzen

1	2	3
4	5	6
7	8	9
10	11	12

Der rote Pirat: Förderaspekte

Thema der Förderung:

Simultanerfassen von unstrukturierten Mengen

Allgemein:

Einigen Kindern fällt das Simultanerfassen von unstrukturierten Mengen (ab 5) schwer. Sie können eine unstrukturierte Menge nur dann erkennen, wenn es ihnen gelingt, im Kopf die Menge zu strukturieren oder wenn eine leicht zu überblickende Struktur neu angeordnet wird. Dieses Spiel eignet sich gut, um das Simultanerfassen von unstrukturierten Mengen zu üben.

Einzelförderung:

In der Einzelförderung kann mit einem Kind zusätzlich besprochen werden, wie es ihm gelingen kann, Mengen besser zu erkennen, indem es sich beispielsweise die Zahlzerlegung zu Nutze macht. Es besteht ebenso die Möglichkeit, dieses Spiel für die Diagnostik zu nutzen. Es lässt sich leicht erkennen, ob ein Kind beim Simultanerfassen von unstrukturierten Mengen Schwierigkeiten hat. Ebenso wird man erkennen, welche Zahlenzerlegungen es bereits etabliert hat.

Kleingruppenförderung:

Dieses Spiel eignet sich, um in der Kleingruppenförderung gemeinsam das Simultanerfassen von unstrukturierten Mengen zu üben. Wenn ein Kind der Gruppe den anderen Kindern deutlich überlegen ist, sollte es nicht lange mitspielen. Es könnte auch die Aufgabe des „Wendeplättchenwerfens" übernehmen. Sind zwei Kinder überlegen, könnten diese einen eigenen Spielplan bekommen.

Spielvariationen:

Bei Kindern, denen bereits das Simultanerfassen von noch kleineren unstrukturierten Mengen (beispielsweise 5) schwer fällt, kann auch nur eine bestimmte Menge an Wendeplättchen immer wieder geworfen werden. So kann es immer wieder geübt werden.

Der rote Pirat: Spielregeln

Story:

Die Piraten haben einen Schatz gefunden – eine Schatzruhe voller Goldstücke. Jetzt müssen sie sich das Gold gerecht teilen. Doch sie streiten sich. Jeder will mehr für sich haben. Also gibt es ein Abkommen! Die Piraten müssen blitzschnell die richtige Anzahl erraten, um Goldstücke zu gewinnen. Wem es am besten gelingt, wird Sieger sein!

Material: Buntstifte in verschiedenen Farben, ein Zahlenwürfel 6–12 (alternativ: Zahlenkarten 6–12), ein Spielplan „Der rote Pirat“, 12 Wendeplättchen (Ø 2,5 cm), ein Deckel (z. B. vom Schuhkarton) oder eine kleine Schachtel

Ziel: Gewonnen hat derjenige, der die meisten Piraten-Punkte gesammelt hat.

Spielanweisung:

In der Mitte liegt der Spielplan „Der rote Pirat“. Der Deckel vom Schuhkarton liegt ebenfalls in der Mitte und ist für jeden Mitspieler gut sichtbar. Jeder hält einen Buntstift bereit. Es wird immer abwechselnd gewürfelt.

1. Würfle mit dem Würfel (Zahlen 6–12).
2. Nimm die entsprechende Anzahl an Wendeplättchen.

   → Würfelst du eine „8“, nimmst du dir acht Wendeplättchen usw.
3. Nun wirfst du die Plättchen in einen Deckel.
4. Alle raten mit! Erkenne nun blitzschnell die roten Plättchen. Derjenige, der zuerst die richtige Anzahl roter Plättchen nennt, gewinnt die Runde und darf sich einen Piraten-Punkt anmalen.
5. Sind alle Punkte angemalt, ist das Spiel zu Ende.
6. Derjenige mit den meisten Piraten-Punkten gewinnt.

Der schönste Drachen: Förderaspekte

Thema der Förderung:

Zahlzerlegung der Zahlen 2 bis 9

Allgemein:

Die Fähigkeit, Zahlen zerlegen zu können, ist bedeutsam, um Aufgaben nicht zählend zu lösen. Aus jeder Zahlzerlegung lassen sich sehr viele Rechnungen ableiten. Kindern, die sicher die Zahlen zerlegen können, gelingt die Addition und Subtraktion zumeist ohne Schwierigkeiten. Das zufällige Werfen der Wendeplättchen begünstigt, dass die Zahlzerlegungen mit konkretem Material durchgeführt werden. Den Kindern wird darüber hinaus bewusst, dass die Anzahl der Zahlzerlegungen einer Zahl zunimmt je größer diese ist.

Einzelförderung:

Dieses Spiel erklärt Kindern nicht, wie sie die Zahlzerlegungen für vorteilhaftes Rechnen nutzen können. Dies muss zusätzlich geschehen. Es ist sinnvoll, die Aufgabenbeziehungen beispielweise am Zwanzigerfeld oder am Rechenrahmen zu verdeutlichen. Wenn man beispielsweise weiß, dass die Zahl 9 sich in 5 und 4 zerlegen lässt, kann man auch die Aufgaben 9 – 5, 9 – 4, 4 + 5, 5 + 4 einfach lösen.

Kleingruppenförderung:

Dieses Spiel eignet sich, um in einer Kleingruppe die Zahlzerlegungen bis 9 einzuüben. Die häufige Wiederholung der Zerlegungen ermöglicht besseres Abspeichern. Da es vier Spielpläne mit Drachenbildern gibt, können bis zu vier Spieler bei diesem Spiel mitspielen. Es können aber durchaus auch zwei Spielpläne von einem Kind benutzt werden.

Spielvariationen:

Wenn man die Spielpläne mit den Drachenbildern laminiert und darauf mit einem Non-Permanent-Stift schreibt, kann man die Spielpläne häufiger benutzen. Die Non-Permanent-Stifte sind für manche Kinder etwas Besonderes und bedeuten einen zusätzlichen Anreiz.

Der schönste Drachen: Spielregeln

Story:

Was für ein herrliches Wetter! Jetzt können wir endlich unsere Drachen steigen lassen. Der Wind weht und die Sonne scheint. Doch wer hat den schönsten Drachen? Das ist wirklich schwer zu entscheiden! Alle sehen wunderschön aus! Die meisten Menschen sehen den Drachen zu, die am schönsten fliegen! Wer gewinnt den Drachenwettbewerb? Gewonnen hat derjenige, der als erstes sein Drachenbild fertig ausgefüllt hat!

Material: Ein Augenwürfel (1–6), ein Spielplan „Der schönste Drachen", 9 Wendeplättchen (Ø 2,5 cm), einen Deckel (z. B. vom Schuhkarton) oder eine kleine Schachtel, pro Spieler ein Drachenbild (mit zwei Drachen), ein Bleistift und eine Spielfigur

Ziel: Gewonnen hat derjenige, der sein Drachenbild zuerst ausgefüllt hat! Auf jedem Bild müssen die richtigen Zahlzerlegungen gefunden werden! Doch Achtung! Keine Zahlzerlegung darf sich wiederholen!

Spielanweisung:

In der Mitte liegt der Spielplan „Der schönste Drachen". Jeder hat zusätzlich einen Spielplan mit einem Drachenbild (mit zwei Drachen) vor sich liegen. Es wird immer abwechselnd gewürfelt. Du darfst nur in Pfeilrichtung setzen.

1. Stelle deine Spielfigur auf Start (große Sonne).
2. Würfle. Setze entsprechend der gewürfelten Augenzahl.

   → Kommst du auf ein Feld mit einer Sonne, guckst du auf deinen Plan und überlegst, zu welchem Drachen du eine Zahlzerlegung finden willst. Möchtest du beispielsweise für den Drachen mit der 8 eine Zahlzerlegung finden, nimmst du dir 8 Wendeplättchen. Wirf diese in den Deckel (z. B. 3 rote und 5 blaue Plättchen) und trage diese Zahlzerlegung in die Schleifen deines Drachens ein. Nun ist der nächste Spieler an der Reihe.
3. Wenn man sein Drachenbild mit beiden Drachen fertig hat, hat man gewonnen! Es dürfen sich keine Zahlzerlegungen wiederholen, aber die Tauschaufgaben (8 + 3 und 3 + 8) zählen!

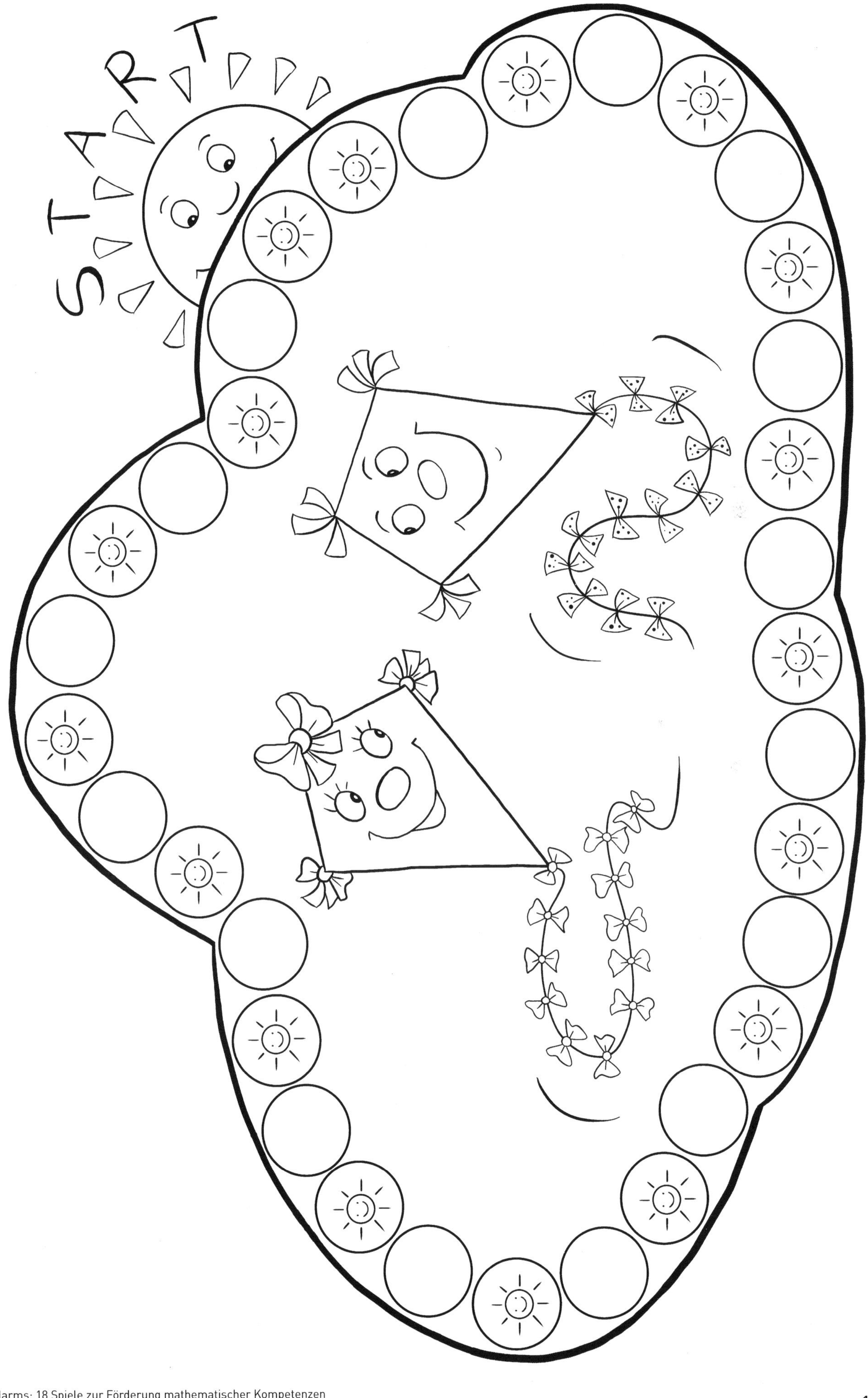

START

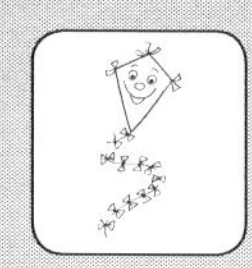

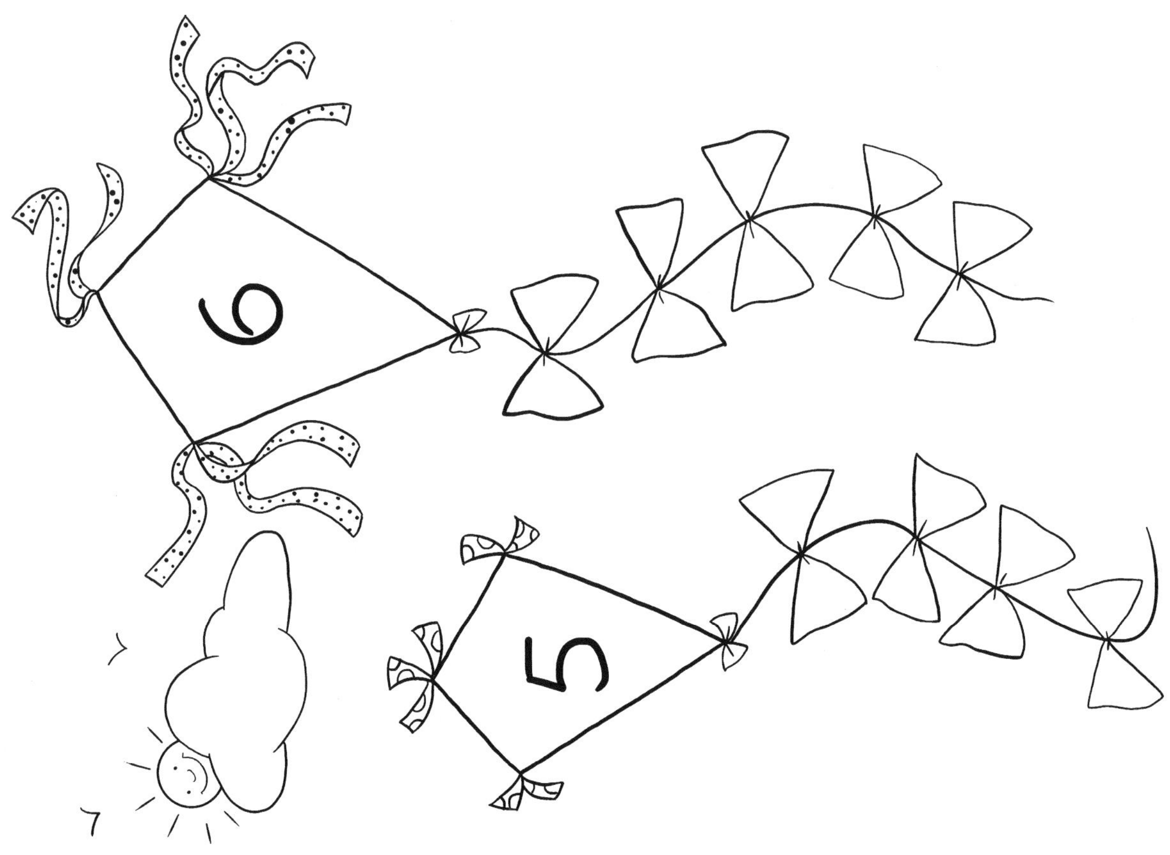
6
5

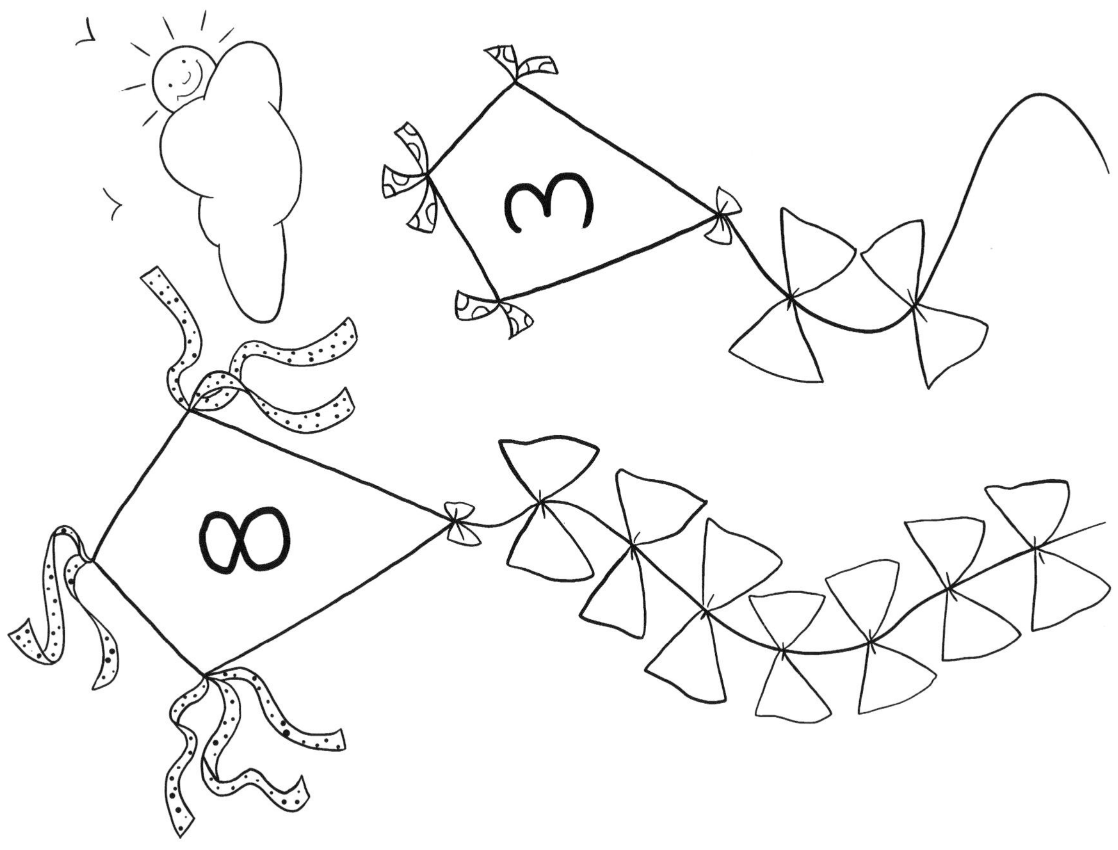
3
8

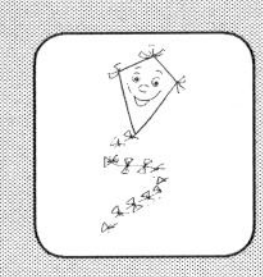

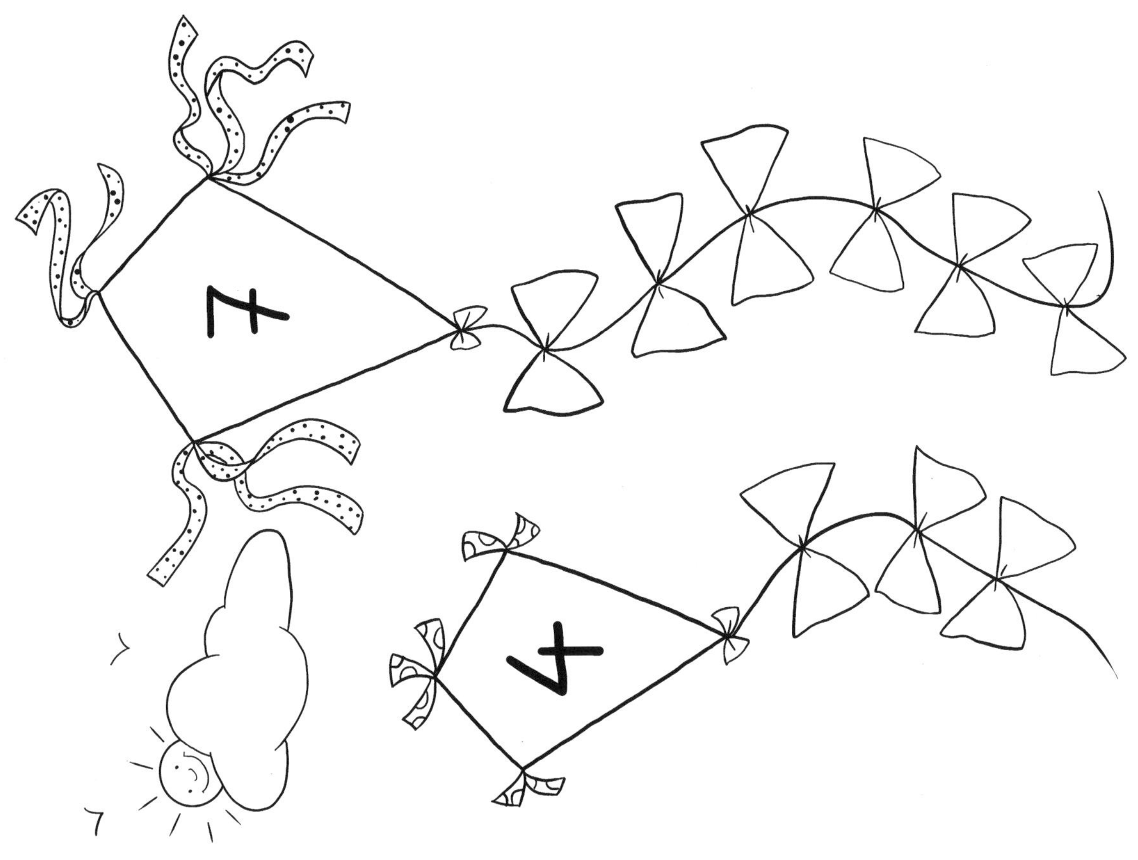
7
4

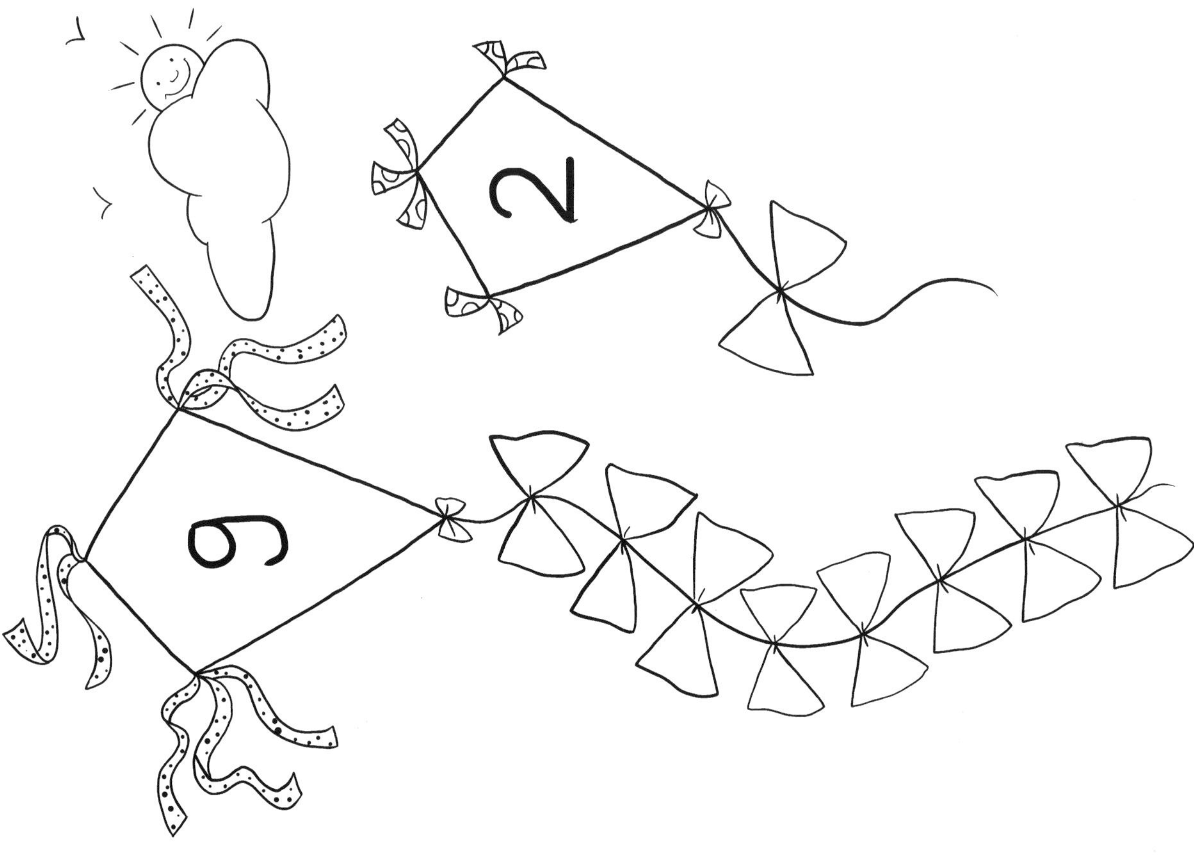
2
9

Das fleißige Bienchen: Förderaspekte

Thema der Förderung:

Zahlzerlegung der 10 nachvollziehen

Allgemein:

Eine sichere Beherrschung der Zahlzerlegungen der Zahlen bis 10 stellt eine zentrale Voraussetzung für die Ablösung vom zählenden Rechnen dar. Die Fähigkeit, die Zahl 10 zerlegen zu können, ist bedeutsam, um auch in höheren Zahlenräumen Aufgaben nicht zählend zu lösen. Manche Kinder benötigen mehr Zeit, um nachvollziehen zu können, wie sich die Zahlen zerlegen lassen. Dieses Spiel eignet sich gut, um das Augenmerk auf die Zahlenzerlegung 10 zu legen. Das wiederholte aktive Ergänzen (durch die Wendeplättchen) ermöglicht dem Kind, eigene Erkenntnisse der Zerlegung der Zahl 10 zu gewinnen.

Einzelförderung:

In der Einzelförderung sollte man sich darum bemühen, den Erkenntnisgewinn bei den Kindern nicht zu sehr zu forcieren. Manche Kinder benötigen Zeit, um beispielsweise zu erkennen, dass 6 + 4 ebenso wie 4 + 6 = 10 ist oder dass 10 – 5 = 10 ergibt, da 5 + 5 = 10 sind. Das Kind benötigt die aktive Auseinandersetzung, eine Vorwegnahme der Erkenntnis verhindert oftmals nachhaltiges Verstehen.

Kleingruppenförderung:

Dieses Spiel eignet sich in der Kleingruppe gut, da sich gleiche Zahlzerlegungen häufiger wiederholen.

Spielvariationen:

Spielt man das Spiel mit einem Zahlenwürfel (1–10), der auch eine „Krone“ hat, könnte man sich eine zusätzliche Regel für die „Krone“ ausdenken. So könnte man beispielsweise einem Mitspieler Wendeplättchen in einer Reihe wegnehmen.

Das fleißige Bienchen: Spielregeln

Story:

Alle Bienen sind sehr fleißig. Sie sammeln den ganzen Tag Blütenstaub. Den Blütenstaub, auch Pollen genannt, bringen sie in den Bienenstock. Im Bienenstock lagern sie den Pollen in den Bienenwaben ein. Das ist dann der leckere Honig. Wir wollen nun wissen, wer das fleißigste Bienchen ist. Dem fleißigsten Bienchen gelingt es, den Bienenstock als erstes komplett zu füllen.

Vorbereitung: In jedem Bienenstock müssen die schon vorhandenen Wendeplättchen auf die entsprechenden Punkte gelegt werden (die bereits belegten Plätze in der Wabe).

Material: Ein Augenwürfel 1–6, ein Zahlenwürfel 1–10 (alternativ: Zahlenkarten 1–10), ein Spielplan „Das fleißige Bienchen“, Wendeplättchen (Ø 1,6 cm), pro Spieler ein Spielplan „Bienenstock“ und eine Spielfigur

Ziel: Gewonnen hat derjenige, der seinen Bienenstock als erstes gefüllt hat.

Spielanweisung:

In der Mitte liegt der Spielplan „Das fleißige Bienchen“ und eine Schachtel mit den Wendeplättchen. Jeder hat zusätzlich einen eigenen Spielplan „Bienenstock“ vor sich liegen. Es wird immer abwechselnd gewürfelt.

1. Stelle deine Spielfigur auf START.
2. Würfle mit dem Augenwürfel (1–6). Setze entsprechend deiner gewürfelten Augenzahl. Versuche dabei auf ein 10er-Feld zu gelangen.
   - → Gelangst du auf ein Bienenfeld, ist der nächste Spieler dran.
   - → Gelangst du auf ein 10er-Feld, darfst du mit dem Zahlenwürfel (1–10) würfeln. Nimm dir entsprechend deiner gewürfelten Zahl Wendeplättchen aus der Schachtel und belege damit die entsprechende Reihe in deinem Bienenstock. Hast du beispielsweise eine 7 gewürfelt, nimmst du dir 7 Wendeplättchen und belegst sie in der Reihe mit den bereits vorhandenen 3 Wendplättchen. Ziel ist es, jede 10er-Reihe voll zu bekommen!
   - → Ist die Reihe schon besetzt, hast du Pech gehabt und musst auf die nächste Runde hoffen!
3. Nun ist der nächste Spieler an der Reihe.
4. Kommt jemand auf das Feld mit dem ☺, darf er sich eine Reihe, die im Bienenstock noch nicht besetzt ist, aussuchen, um sie zu füllen. Es muss nicht mehr gewürfelt werden.
5. Hast du deinen Bienenstock gefüllt, hast du gewonnen.

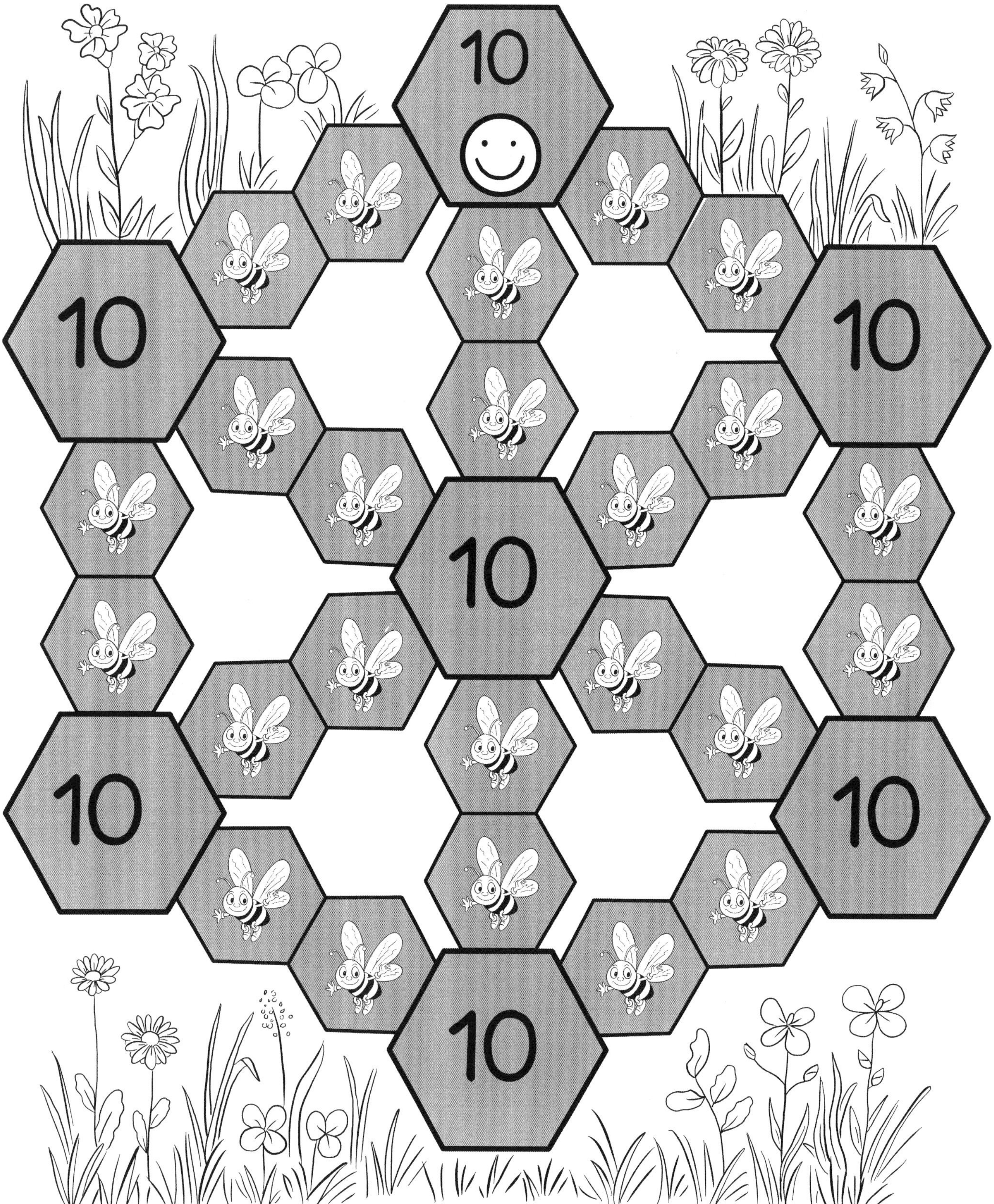

10

10 10

10

10 10

10

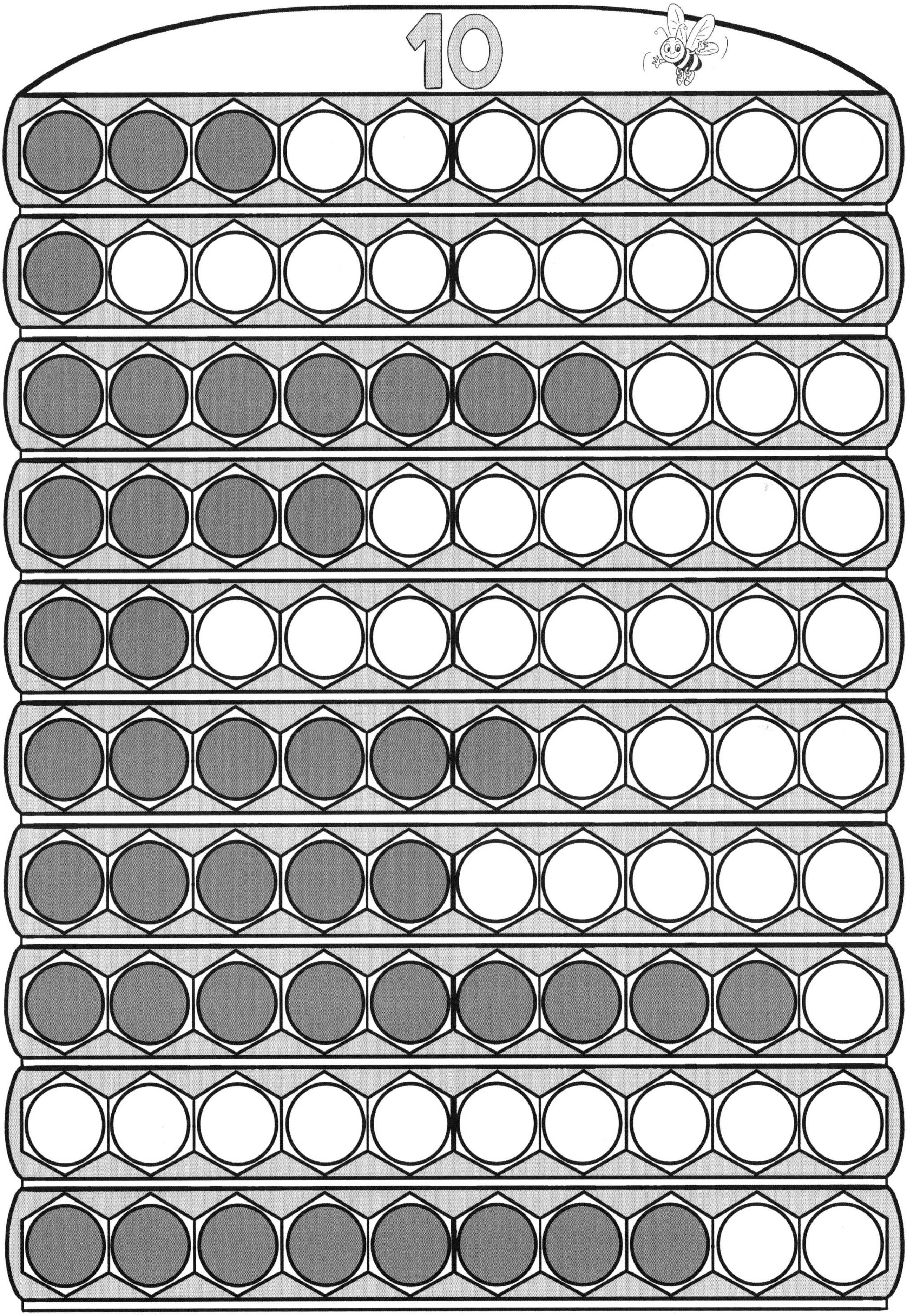

10

Thema der Förderung:

Zahlzerlegung der 10 einüben und automatisieren

Allgemein:

Es gibt immer wieder Kinder, die sich die Partnerzahlen bei der Zahlenzerlegung der 10 nicht merken können und die viel Wiederholung benötigen, damit sie sich die entsprechenden Paare (1–9, 2–8, 3–7, 4–6, 5–5) merken. Die Fähigkeit, die Zahl 10 zerlegen zu können, ist bedeutsam, um auch in höheren Zahlenräumen Aufgaben nicht zählend zu lösen. Dieses Spiel eignet sich gut, um sich die Partnerzahlen einzuprägen, da sie im Spiel sehr häufig wiederholt werden.

Einzelförderung:

Dieses Spiel erklärt Kindern nicht, warum es von Nutzen ist, die Partnerzahlen zu kennen bzw. wie man die Kenntnis über die Partnerzahlen beim Rechnen sinnvoll einsetzt.
Dies muss natürlich zusätzlich geschehen. Es ist wichtig, dass das Kind den Nutzen der Zahlenzerlegung der 10 beim Rechnen bemerkt. Entsprechend sollten Aufgaben folgen bzw. geübt werden, wo die Fähigkeit der Zahlenzerlegung der 10 von Bedeutung ist (beispielsweise: 6 + ____ = 10 / 10 – 7 = ____ / 40 – 8 = ____ / 90 + 10 = ____ usw.).

Kleingruppenförderung:

Dieses Spiel eignet sich, um in einer Kleingruppe die Zahlzerlegung der 10 einzuüben.
Man könnte auch zu zweit einen Plan bearbeiten, um sich gegenseitig zu unterstützen.

Spielvariationen:

Wenn man den Spielplan mit den Zahlenhäusern laminiert und darauf mit einem Non-Permanent-Stift schreibt, kann man die Spielpläne häufiger benutzen. Die Non-Permanent-Stifte sind für manche Kinder etwas Besonderes und bedeuten eine zusätzliche Motivation.

Der kluge König/Die kluge Königin: Spielregeln

Story:

In einem Königreich streiten sich mehrere Prinzen und Prinzessinnen um den Thron. Um den Thron besteigen zu dürfen, muss der zukünftige König oder die zukünftige Königin beweisen, dass er oder sie dafür am geeignetsten ist. Sie müssen versuchen, die meisten Häuser voll zu bekommen, in denen genau 10 Untertanen wohnen. Wer die Häuser zuerst voll bekommt, wird König oder Königin und herrscht über das Königreich.

Material: Ein Augenwürfel 1–6, ein Zahlenwürfel 1–10 (alternativ: Zahlenkarten 1–10), ein Spielplan „Der kluge König/Die kluge Königin“, pro Spieler ein Spielplan „Zahlenhäuser“, eine Spielfigur und ein Bleistift

Ziel: Gewonnen hat derjenige, der zuerst seine Zahlenhäuser gefüllt hat.

Spielanweisung:

In der Mitte liegt der Spielplan „Der kluge König/Die kluge Königin“. Jeder hat zusätzlich einen eigenen Spielplan „Zahlenhäuser“ vor sich liegen und hält einen Bleistift bereit. Es wird immer abwechselnd gewürfelt. Du darfst in jede Richtung setzen, aber beim Setzen selber die Richtung nicht ändern!

1. Stelle deine Spielfigur auf Start.
2. Würfle. Setze entsprechend der gewürfelten Augenzahl.
   → Kommst du beispielsweise auf ein Feld mit „8“, suchst du die entsprechende Partnerzahl, in diesem Fall „2“ bei deinen Zehnerhäusern und trägst die „8“ bei der „2“ ein.
   → Kommst du auf das ☆-Feld, dann darfst du dir eine Partnerzahl aussuchen.
   → Kommst du auf das ☠-Feld, dann müssen deine Mitspieler aussetzen und du bist noch einmal an der Reihe.
3. Nun ist der nächste Spieler an der Reihe.
4. Derjenige, der zuerst seine Zahlenhäuser voll hat, gewinnt.

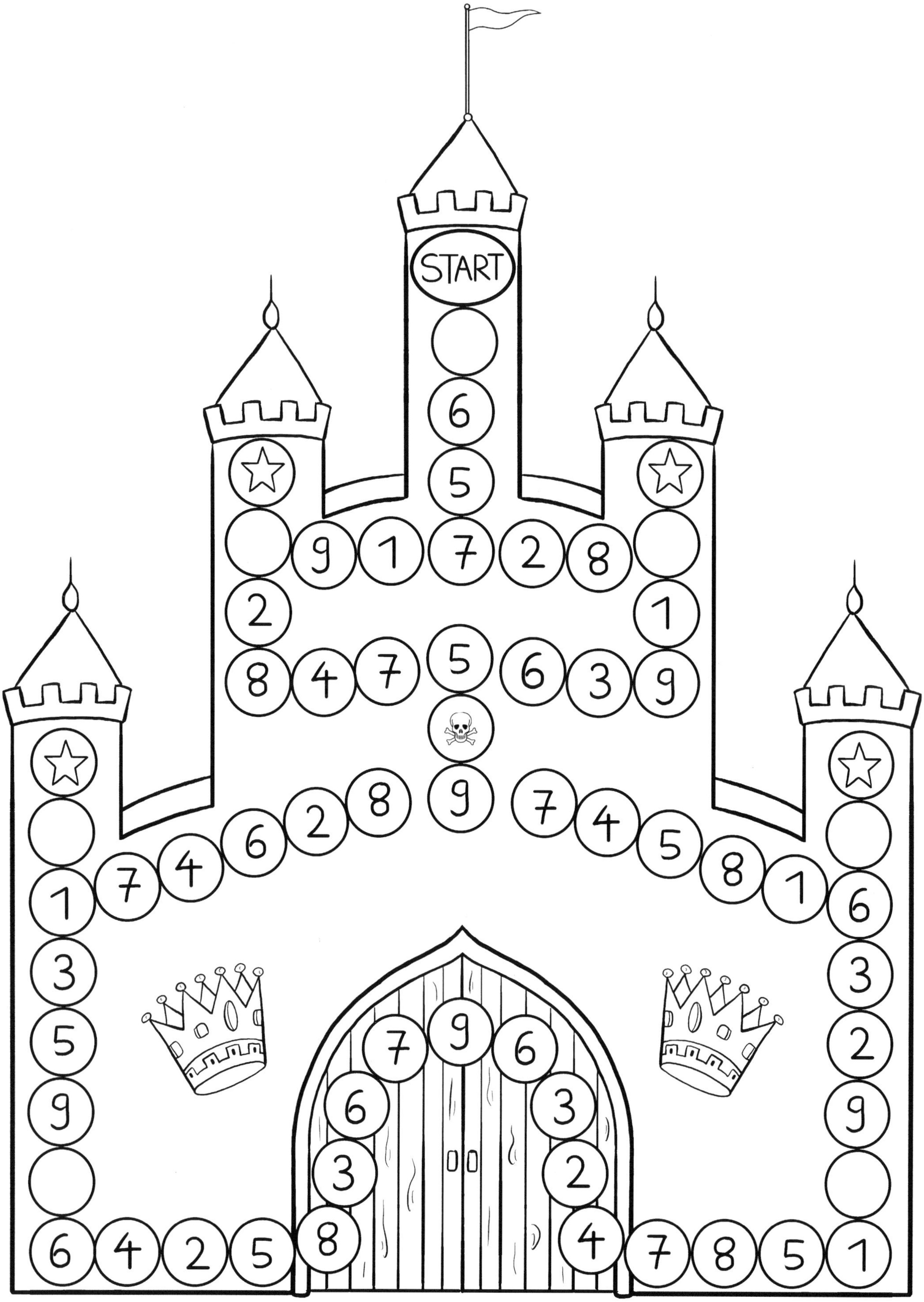

Petra Harms: 18 Spiele zur Förderung mathematischer Kompetenzen

Der kluge König/Die kluge Königin

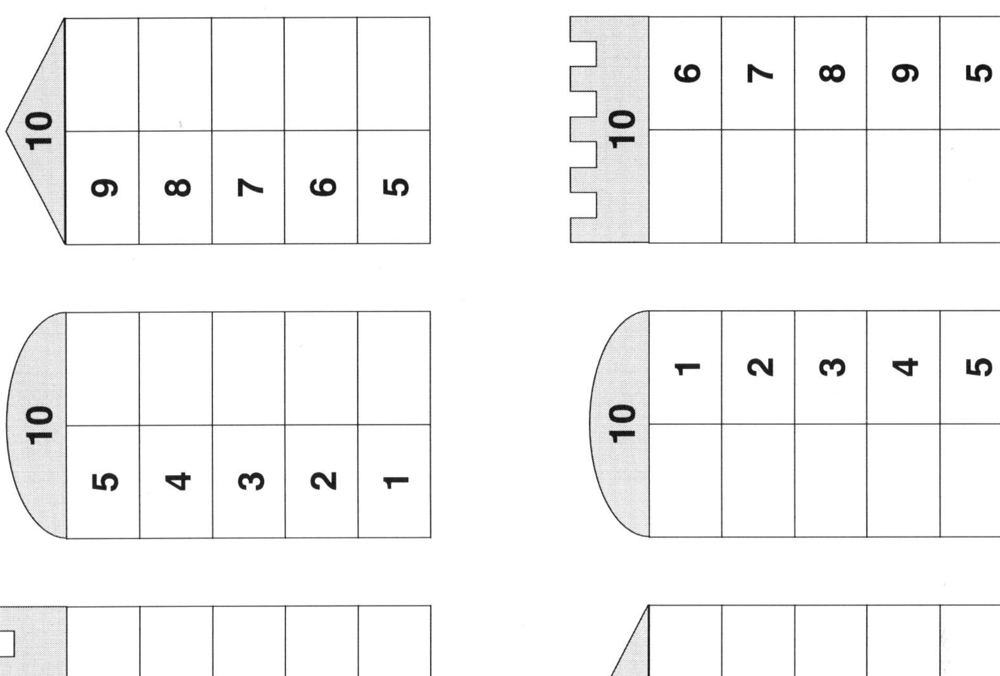

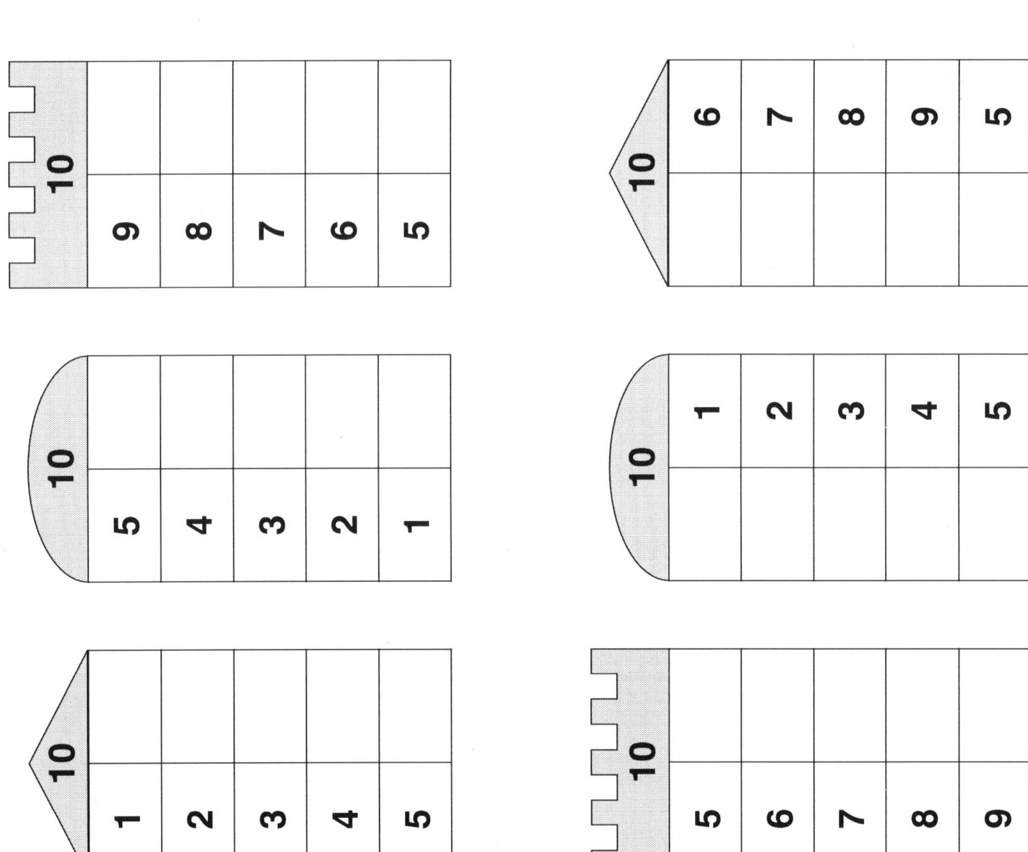

Thema der Förderung:

Anwendung des Vertauschungsgesetzes zur Vereinfachung von Plusaufgaben

Allgemein:

In dem Spiel wird das Vertauschungsgesetz wiederholt angewandt. Dadurch erfährt ein Kind zum einen, dass man bei Plusaufgaben die Summanden vertauschen darf und zum anderen, dass beispielsweise die Aufgabe 9 + 2 leichter zu rechnen ist als 2 + 9. Den durch das Vertauschungsgesetz ermöglichten Rechenvorteil „Große Zahl plus kleine Zahl" statt „Kleine Zahl plus große Zahl" nutzen lernen, ist wichtig einzuüben, wenn Kinder auf diese Möglichkeit von selbst nicht kommen.

Einzelförderung:

In der Einzelförderung lässt sich mittels des Spiels gut mit einem Kind besprechen, dass es vielleicht besser mit der großen Zahl beginnend im Kopf addiert. Es übt immer wieder das Vertauschungsgesetz, indem es dieses anwendet. Es hinterfragt dieses Gesetz nicht, begreift aber, dass es erlaubt ist, die Summanden in der Addition zu tauschen.

Kleingruppenförderung:

Dieses Spiel eignet sich, um in einer Kleingruppe zu arbeiten. Besteht die Gruppe aus zwei Kindern, spielen zwei Kinder gegeneinander. Sind es drei oder vier Kinder müssen zwei Spielpläne und je ein Schnecken-Plan pro Spieler kopiert werden. Da die Spielregeln recht einfach sind, kann die Lehrkraft (bei drei Spielern) mitspielen oder (bei vier Spielern) zwei Spielpläne betreuen.

Spielvariationen:

Wenn Kinder die Vertauschungsaufgabe von sich aus anwenden können, kann man auch die Schneckenpläne weglassen und versuchen, die Aufgaben im Kopf auszurechnen und dabei den Rechenvorteil „Große Zahl plus kleine Zahl" statt „Kleine Zahl plus große Zahl" zu nutzen.

Der hungrige Igel: Spielregeln

Story:

Endlich ist der Frühling da! Die Igel im Garten erwachen aus ihrem Winterschlaf. Sie haben den ganzen Winter nichts gefressen und machen sich auf Futtersuche. Sehr gerne mögen sie Schnecken. Mit ihrer kleinen Nase suchen sie den ganzen Garten ab und fressen alle Schnecken auf, die sie entdecken. Der Igel, der die meisten Schnecken findet, gewinnt!

Material:	Ein Augenwürfel oder ein Zahlenwürfel (1–6), ein Spielplan „Der hungrige Igel", Wendeplättchen (Ø 2,5 cm), pro Spieler ein Spielplan „Schnecken", eine rote und eine blaue Spielfigur
Ziel:	Gewonnen hat derjenige, der am meisten Punkte auf dem Igel liegen hat.

Spielanweisung:

In der Mitte liegt der Spielplan „Der hungrige Igel". Jeder hat zusätzlich einen eigenen Spielplan „Schnecken" vor sich liegen. Jeder bekommt eine Farbe zugeteilt. Es wird immer abwechselnd gewürfelt. Man darf nur in Pfeilrichtung setzen.

1. Stelle deine Spielfigur auf Start.
2. Würfle. Setze entsprechend der gewürfelten Augenzahl.
3. → Kommst du beispielsweise auf ein Feld mit „2 + 8", suchst du die entsprechende Tauschaufgabe auf deinem Schneckenblatt, legst ein Wendeplättchen in deiner Farbe auf die Tauschaufgabe, rechnest die Aufgabe und legst auf die Lösung (auf dem Igel) noch ein Wendeplättchen in deiner Farbe.
4. Nun ist der andere Spieler an der Reihe und versucht auf ein Feld mit einer Aufgabe zu kommen.
5. Im Verlauf des Spiels werden nun vom anderen Spieler schon Lösungsfelder (im Igel) besetzt sein. In diesem Fall drehst du einfach das Wendeplättchen in deiner Farbe nach oben. Manchmal wirst du eine Aufgabe bereits schon gerechnet haben und schon ein Wendeplättchen auf dem Schneckenblatt liegen haben. In diesem Falle kannst du leider nicht setzen und der andere Spieler ist wieder an der Reihe.
6. Wenn der Igel in der Mitte voll ist, ist das Spiel beendet. Nun wird gezählt, wer von den beiden Spielern am meisten Punkte im Igel hat.

START

2+5

2+8

4+8

2+10

2+6

3+7

2+3

2+9

1+4

3+5

3+6

2+4

1+6

2+7

3+8

1+5

7 11 12

6 10 8

5 9

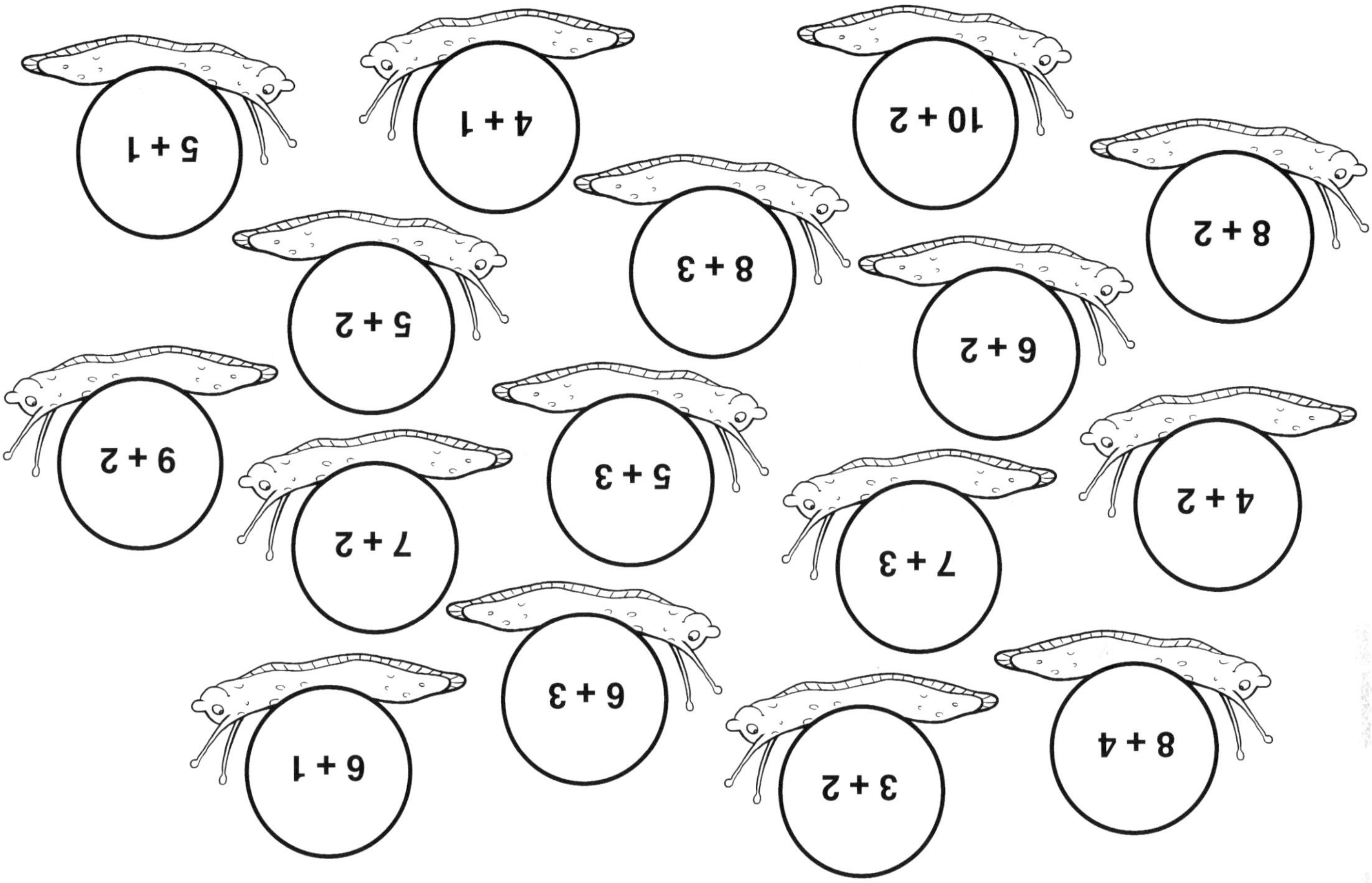

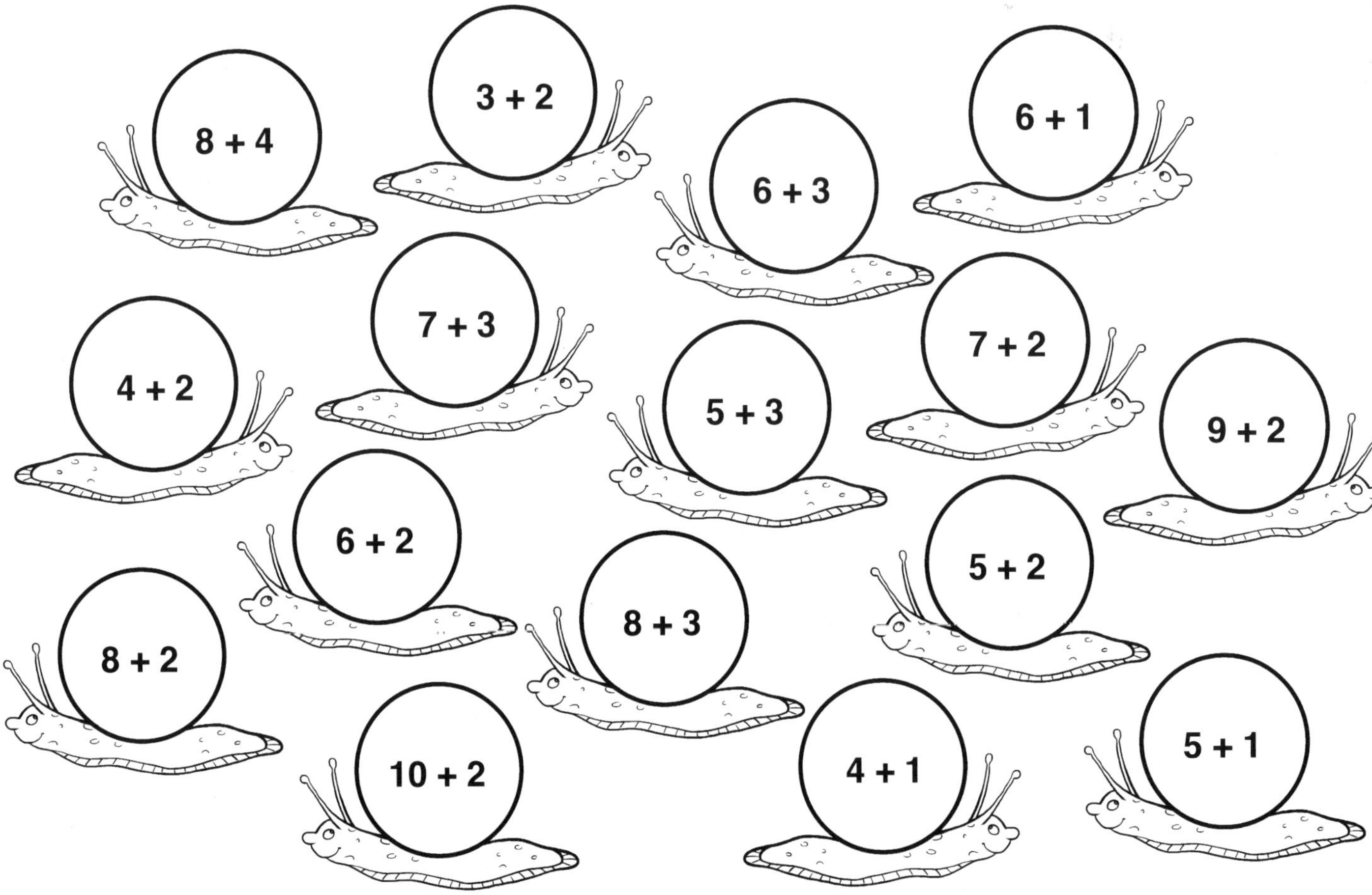

Der hungrige Igel

5 + 1 | 4 + 1 | 10 + 2 | 8 + 2

8 + 3 | 5 + 2 | 9 + 2

6 + 2 | 5 + 3 | 4 + 2

7 + 2 | 7 + 3

6 + 3 | 6 + 1 | 3 + 2 | 8 + 4

---

8 + 4 | 3 + 2 | 6 + 1 | 6 + 3

4 + 2 | 7 + 3 | 5 + 3 | 7 + 2 | 9 + 2

6 + 2 | 5 + 2 | 8 + 3

8 + 2 | 10 + 2 | 4 + 1 | 5 + 1

Das vergessliche Eichhörnchen: Förderaspekte

Thema der Förderung:

Über den Zehner-Zehnerstopp:

Struktur des Addierens einer Zehnerzahl (10, 20, ...) mit Einern erkennen (20 + 5, 10 + 3, 40 + 7, ...)

Allgemein:

Der Zehnerübergang stellt für viele Kinder eine Hürde dar, die sie nur zählend zu nehmen wissen. Der „Zehnerstopp“ ist eine Möglichkeit, Kindern einen Rechenweg anzubieten, wenn ihnen der Zehnerübergang schwer fällt. Allerdings ist der „Zehnerstopp“ nur dann ein alternativer Rechenweg, wenn das Addieren einer Zehnerzahl (10, 20 usw.) mit Einern und das Ergänzen zur nächsten Zehnerzahl verstanden worden ist. In diesem Spiel lernt ein Kind Aufgaben wie 20 + 3 und 40 + 7 zu lösen, indem es Zahlen immer wieder in die entsprechenden Zehner und Einer zerlegt. Es erfährt die Addition indirekt, indem es im Spiel die Zehner und Einer wiederholt zusammenfügt.

Einzelförderung:

In der Einzelförderung lässt sich mittels des Spiels gut mit einem Kind besprechen, wie es zu einer Zehnerzahl (10, 20, ...) Einer addieren kann. Die mathematische Struktur wird dem Kind verdeutlicht, sodass es Aufgaben wie z. B. 30 + 6 und 40 + 5 nicht mehr zählend löst. Außerdem begünstigt das Agieren mit den Zehnern und Einern, dass Kinder beginnen, das Stellenwertsystem zu verstehen.

Kleingruppenförderung:

Dieses Spiel eignet sich gut, um in einer Kleingruppe zu arbeiten. Wenn man den Kindern die Möglichkeit gibt, selber die Zahlen auszusuchen, die versteckt werden, gibt man einen zusätzlichen Anreiz. Ebenso könnte ein Kind im Vorhinein alle Zahlen eintragen, sie verstecken und die Zehner und Einer den anderen Kindern aushändigen.

Spielvariationen:

Wenn Kinder sehr große Schwierigkeiten mit den Zehnerzahlen haben, kann man zunächst auch nur Aufgaben wie 10 + 3, 10 + 6, 10 + 7 usw. anbieten. Auf dem Spielplan deckt man die Zehnerzahlen (10–90) ab und gestaltet es als Zehner-Lager. In dem Kreis wird dann ein Zehner abgeholt und dann erst die Einer.

Sollte ein Kind Probleme haben, sich eine Zahl zu merken, ist es sinnvoll, dem Kind einen Zettel zu geben, auf dem es sich die zu merkende Zahl notiert.

Das vergessliche Eichhörnchen: Spielregeln

Story:

Eichhörnchen essen super gerne Nüsse, die sie mit ihren kräftigen Zähnen aufspalten. Finden Eichhörnchen mehr Nüsse als sie essen können, vergraben sie diese. Leider merken sie sich nicht wo. So ist es auch unserem Eichhörnchen passiert. Überall hat es Nüsse versteckt. Hilf ihm die Nüsse zu finden. Wer am Ende die meisten Nussverstecke entdeckt hat, gewinnt.

Vorbereitung: Auf dem Spielplan befinden sich 10 leere, weiße Felder, die mit Zahlen (ZE) beschriftet werden müssen. Am besten ist es, wenn man Zahlen von jedem Zehner wählt (z. B.: 5, 16, 23, 35, 47, 55, 61, 78, 84, 92). Auf diese Zahlen werden nun die Wendeplättchen gelegt, sodass die Zahlen nicht zu sehen sind.

Material: Ein Augenwürfel oder ein Zahlenwürfel 1–6, ein Spielplan „Das vergessliche Eichhörnchen“, 10 Wendeplättchen (Ø 2,5 cm), Mehrsystemblocksatz (mehrere Zehner und Einer), pro Spieler eine Spielfigur

Ziel: Gewonnen hat derjenige, der am meisten Nussverstecke entdeckt hat und somit die meisten Wendeplättchen hat.

Spielanweisung:

In der Mitte liegt der Spielplan „Das vergessliche Eichhörnchen“. Es wird immer abwechselnd gewürfelt. Du darfst in jede Richtung setzen, aber beim Setzen selber die Richtung nicht ändern!

1. Stelle deine Spielfigur auf Start.
2. Würfle. Versuche auf ein Feld mit einem Wendeplättchen zu kommen. Setze entsprechend der gewürfelten Augenzahl.
3. → Kommst du auf ein Feld mit einem Wendeplättchen, darfst du dir die Zahl darunter ansehen! Doch Achtung! Pass auf, dass nur du die Zahl siehst! Nun musst du sie dir unbedingt merken!
4. Nun ist der andere Spieler an der Reihe und versucht auf ein Feld mit einem Wendeplättchen zu kommen.
5. Wenn du wieder an der Reihe bist, versuchst du dir entsprechend deiner Zahl zuerst die passenden Zehner (Bei 35 sind es beispielsweise 3 Zehner = 30) und dann die passenden Einer (Bei 35 sind es beispielsweise 5 Einer = 5) zu holen. Dafür musst du in die Kreise gehen. Hier darfst du bei jedem Setzen die Richtung ändern. Wenn du auf das passende Feld kommst, nimmst du die entsprechende Anzahl an Zehnern (bei 35 sind es 3 Zehner).
6. Wenn du wieder an der Reihe bist, versuchst du die entsprechende Anzahl an Einern (bei 35 sind es 5 Einer) zu bekommen. Sobald du die passenden Zehner und Einer hast, darfst du dich auf das entsprechende Wendeplättchen stellen und es dir nehmen, wenn deine Anzahl an Zehnern und Einern der Zahl entsprechen. Nun nimmst du dir ein neues Plättchen vor.
7. Wenn alle Wendeplättchen vom Spiel genommen sind, ist das Spiel beendet. Nun wird gezählt, wer von den beiden Spielern am meisten Wendeplättchen (Nussverstecke) hat.

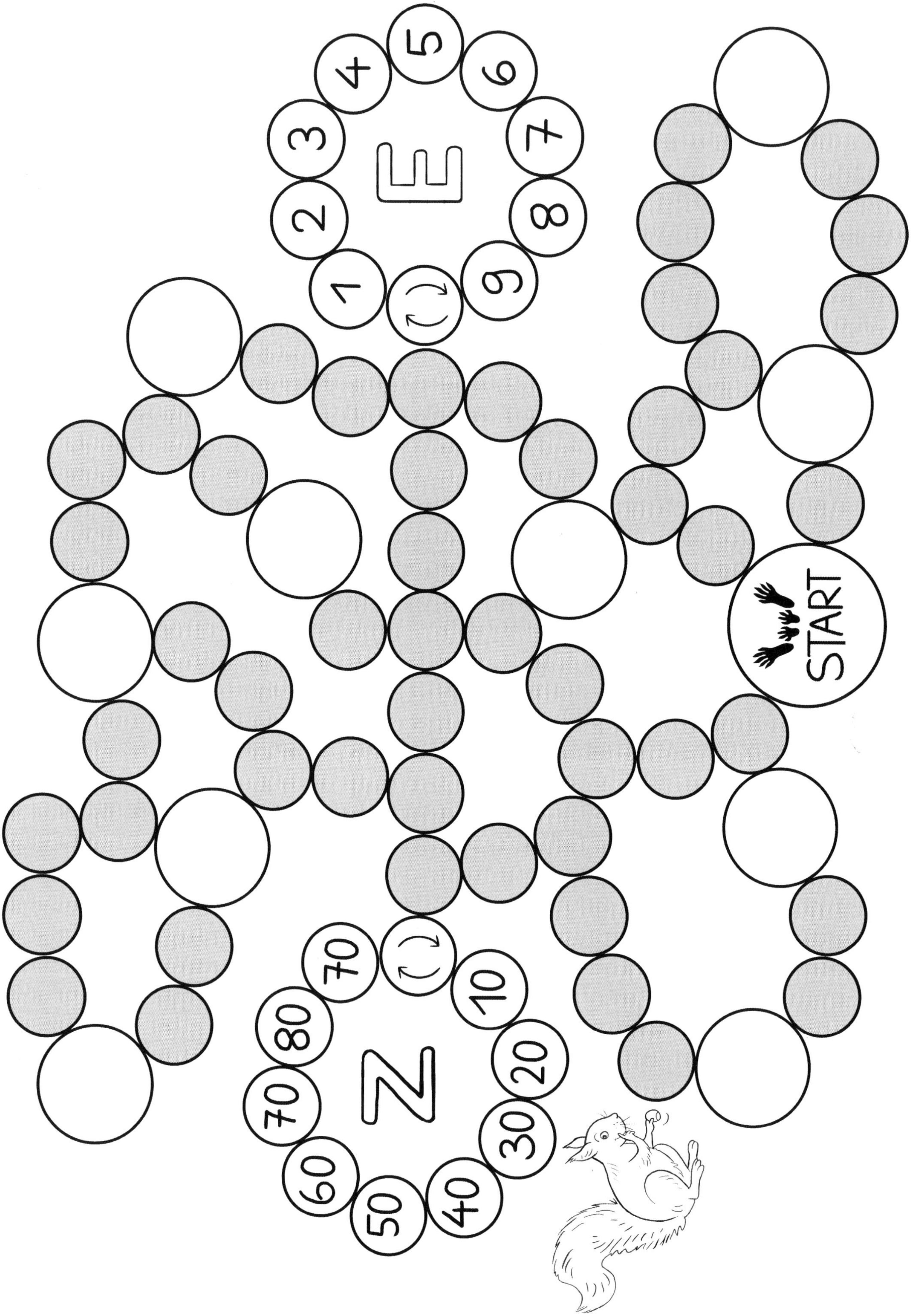

Das vergessliche Eichhörnchen

E

1 2 3 4 5 6 7 8 9

START

Z

10 20 30 40 50 60 70 80 70 70

Thema der Förderung:

Über den Zehner-Zehnerstopp:
Ergänzen zu der nächsten Zehnerzahl (17 + ____ = 20, 36 + ____ = 40, ...)

Allgemein:

Der Zehnerübergang stellt für viele Kinder eine Hürde dar, die sie nur zählend zu nehmen wissen. Der „Zehnerstopp“ ist eine Möglichkeit, Kindern einen Rechenweg anzubieten, wenn ihnen der Zehnerübergang schwer fällt. Allerdings ist der „Zehnerstopp“ nur dann ein alternativer Rechenweg, wenn das Addieren einer Zehnerzahl (10, 20 usw.) mit Einern und das Ergänzen zur nächsten Zehnerzahl klar ist. In diesem Spiel übt ein Kind das Ergänzen zur nächsten Zehnerzahl.

Einzelförderung:

In der Einzelförderung kann ein Kind anhand des Materials sehen, wie viele Einer fehlen, um die nächste Zehnerzahl aufzufüllen. Im günstigsten Fall merkt das Kind selbst, dass die Zahlzerlegung der 10 dabei eine zentrale Rolle spielt. Ist dies nicht der Fall, sollte dem Kind der Zusammenhang erneut verdeutlicht werden.

Kleingruppenförderung:

Dieses Spiel eignet sich, um in einer Kleingruppe zu arbeiten. Besteht die Gruppe aus zwei Kindern, spielen zwei Kinder gegeneinander. Sind es drei oder vier Kinder, müssen zwei Spielpläne ausgedruckt werden. Da die Spielregeln recht einfach sind, kann die Lehrkraft (bei drei Spielern) mitspielen oder (bei vier Spielern) zwei Spielpläne betreuen.

Spielvariationen:

Wenn Kindern das Ergänzen weitgehend im Kopf gelingt, kann auf die Zehner und Einer verzichtet werden. Entsprechend werden nur die Einer zum Ergänzen aus dem Behälter genommen.

Die dicksten Kartoffeln: Spielregeln

Story:

Zwei benachbarte Bauern wetteifern immer wieder miteinander. Jeder denkt von sich selbst, dass er der bessere Bauer ist. Jetzt gibt jeder wieder damit an, die dicksten und die meisten Kartoffeln zu haben. Lasst uns herausfinden, wer von euch die meisten Kartoffeln hat. Es zählen nur die vollen Kilosäcke Kartoffeln. Gewonnen hat, wer die größte Kartoffelernte in seinen Hof gebracht hat.

Material: Ein Augenwürfel oder ein Zahlenwürfel 1–6, ein Spielplan „Die dicksten Kartoffeln", pro Spieler eine Spielfigur, Wendeplättchen, Mehrsystemblocksatz (mehrere Zehner und Einer)

Ziel: Gewonnen hat derjenige, der die meisten Einer in seinen Hof gebracht hat.

Spielanweisung:

In der Mitte liegt der Spielplan „Die dicksten Kartoffeln". Es wird immer abwechselnd gewürfelt. Du darfst in jede Richtung setzen, aber beim Setzen selber die Richtung nicht ändern!

1. Stelle deine Spielfigur auf Start.
2. Würfle. Versuche auf ein Zahlenfeld zu kommen. Die Zahlenfelder sind die „Kartoffelfelder". Setze entsprechend der gewürfelten Augenzahl.
3. → Kommst du beispielsweise auf das Zahlenfeld „45", ziehst du deine Figur auf den nächsten vollen Zehner, in diesem Falle auf die „50". Dafür nimmst du dir 45 (vier Zehner und fünf Einer) und überlegst, wie viele Einer du noch benötigst, um den nächsten Zehner aufzufüllen. Richtig, wenn du bereits 45 hast, fehlen noch 5, um 50 zu erhalten. Die fünf Einer nimmst du dir und legst sie auf deinen Bauernhof. Der Rest wird zurück getan. Auf das Zahlenfeld, auf der du bereits die Aufgabe gelöst hast, legst du ein Wendeplättchen (rot); nun kann jeder sehen, dass dieses Kartoffelfeld schon abgeerntet ist. Setze deine Spielfigur zurück auf Start.

   → Kommst du auf ein leeres Feld, ist der nächste Spieler an der Reihe.
4. Nun ist der nächste Spieler an der Reihe und versucht auf ein Feld mit einer Aufgabe zu kommen.
5. Wenn alle Kartoffelfelder abgeerntet sind und alle Zahlen mit einem Wendeplättchen bedeckt sind, ist das Spiel beendet. Nun wird gezählt, wer „die meisten Kartoffeln" bzw. wer die meisten Punkte hat (zehn Einer werden mit einem Zehner ausgetauscht!).

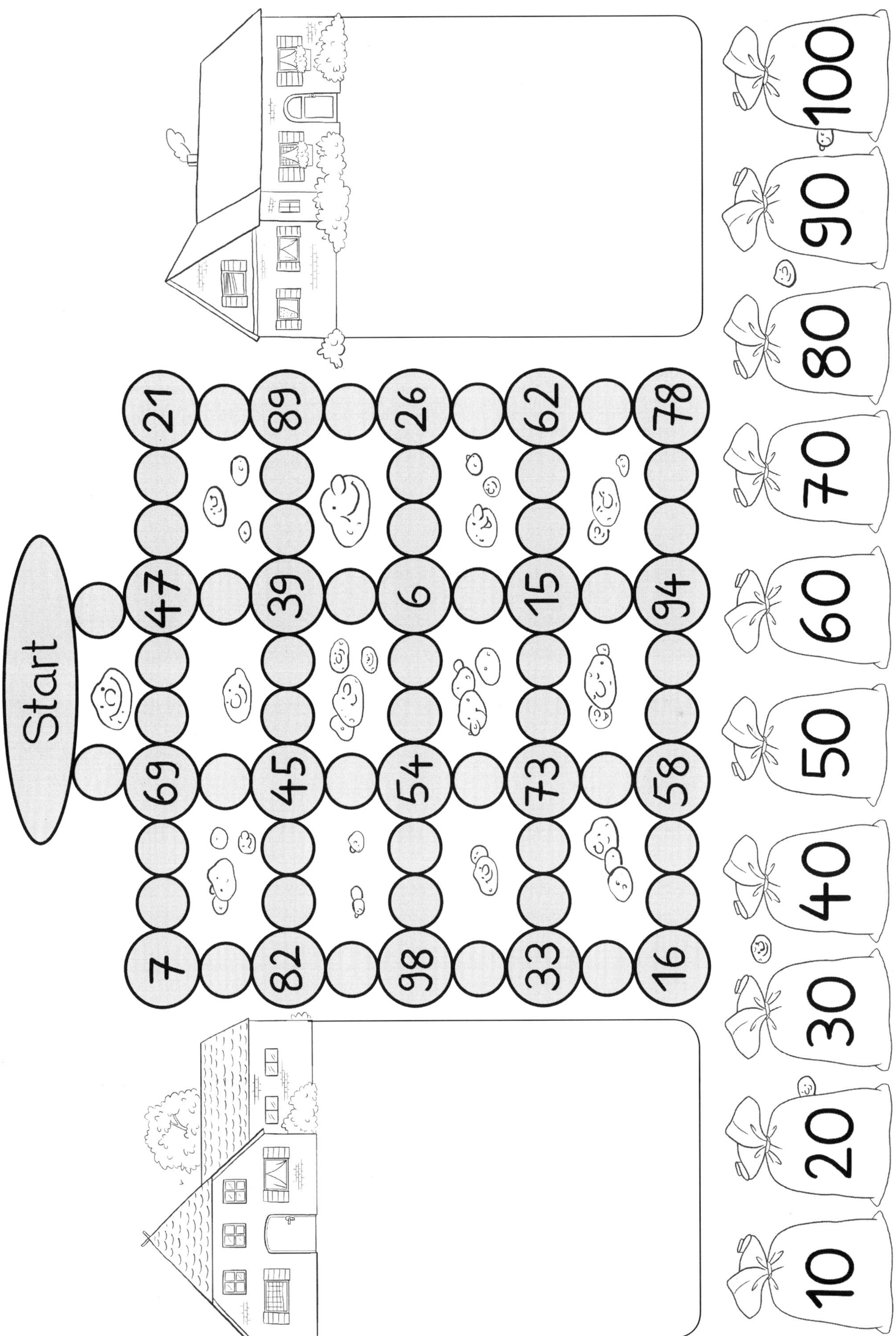

Die dicksten Kartoffeln

Start

21 89 26 62 78

47 39 6 15 94

69 45 54 73 58

7 82 98 33 16

100 90 80 70 60 50 40 30 20 10

Das schnüffelnde Trüffelschweinchen: Förderaspekte

Thema der Förderung:

Den Zehnerstopp am Rechenrahmen nachvollziehen und einüben

Allgemein:

Der Zehnerübergang stellt für viele Kinder eine Hürde dar, die sie nur zählend zu nehmen wissen. Der „Zehnerstopp“ ist eine Möglichkeit, Kindern einen Rechenweg anzubieten, wenn ihnen der Zehnerübergang schwer fällt. Allerdings ist der „Zehnerstopp“ nur dann ein alternativer Rechenweg, wenn das Addieren einer Zehnerzahl (10, 20 usw.) mit Einern und das Ergänzen zur nächsten Zehnerzahl klar ist. In diesem Spiel wird der Zehnerübergang am Rechenrahmen nachvollzogen und geübt. Das Spiel funktioniert nach den Regeln des Spiels „Schiffe versenken“ mit der Ausnahme, dass immer abwechselnd gefragt wird, egal, ob die Antwort vorher „Ja“ oder „Nein“ war.

Einzelförderung:

Um dem Kind die Vorgehensweise am Rechenrahmen zu erklären, muss man Zeit einplanen.

Es ist wichtig, dass ein Kind begreift, dass es schwierige Aufgaben mit Zehnerübergang vorteilhaft mit dem Zehnerstopp lösen kann. Dies ist nur möglich, wenn die Teilschritte (das Addieren einer Zehnerzahl (10, 20 usw.) mit Einern und das Ergänzen zur nächsten Zehnerzahl) verstanden worden sind. Erst durch das wiederholte Üben entsteht eine Routine in der Vorgehensweise.

Kleingruppenförderung:

Dieses Spiel eignet sich erst dann in der Kleingruppe, wenn die Spielregeln und die Vorgehensweise am Rechenrahmen allen Kindern klar sind. Gut zu betreuen ist das Spiel, wenn zwei Kinder in der Förderung gegeneinander spielen. Sollen mehr als zwei Kinder spielen, ist dies – anders als beim herkömmlichen „Schiffe versenken“ – möglich, da immer abwechselnd gespielt wird.

Spielvariationen:

Wenn der Zehnerübergang zunächst nur im Zahlenraum bis 20 geübt werden soll, sind zwei Vorlagen vorhanden. Möchte man weitere (neue) Karten haben, muss man die Blanko-Karten dafür nutzen.

Das schnüffelnde Trüffelschweinchen: Förderaspekte

Story:

Trüffel sind sehr teure Speisepilze. Nur in sehr vornehmen Restaurants kann man Trüffel bekommen. Sie sind so teuer, weil echte Trüffel so schwierig zu finden sind. Schlaue Leute halten sich extra Trüffelschweinchen, die diesen Job übernehmen. Sie suchen die Trüffel, mal mehr, mal weniger erfolgreich. Hast du das beste Trüffelschweinchen und findest am schnellsten die meisten Trüffel? Bei deiner Pilzsuche helfen dir die Felder, die bereits abgesteckt sind. Nur dort findest du die Trüffel, doch in jedem Feld sind immer nur neun Trüffel versteckt.

Vorbereitung: Für jeden Spieler muss eine Trüffel-Karte ausgeschnitten und so gefaltet werden, dass sie als Aufsteller benutzt werden kann. Zusätzlich muss eine Blanko-Trüffel-Karte ausgeschnitten werden.

Material: Pro Spieler eine Trüffel-Karte als Aufsteller, eine Trüffel-Blanko-Karte (4 × 4), ein Buntstift, ein Abakus (Rechenrahmen bis 100)

Ziel: Gewonnen hat derjenige, der zuerst alle Trüffel aufgespürt hat.

Spielanweisung:

Jeder Spieler bekommt eine Trüffel-Karte und stellt sie so auf, dass der Mitspieler nur das Trüffelschweinchen auf der Rückseite der Trüffel-Karte sehen kann. Außerdem liegt vor ihm die Blanko-Karte, wo eingetragen wird, was man bereits gefragt hat. Nun wird abwechselnd gefragt.

1. Du bist an der Reihe und fragst deinen Mitspieler, ob beispielsweise auf dem Feld A3 ein Trüffel versteckt ist.
   - → Sagt der Mitspieler „Ja", stellt er dir die Aufgabe, die in diesem Feld liegt (z. B. 48 + 6).

     Wichtig! Du sollst die Rechenaufgabe in einer ganz bestimmten Weise lösen! Dafür brauchst du den Rechenrahmen (alle Kugeln sind zu Beginn auf der rechten Seite).

     Zunächst stellst du die 48 auf dem Rechenrahmen ein.

     Nun überlegst du, wie du die 6 hinzufügen kannst. Dafür teilst du die 6 auf.

     Erst machst du den nächsten Zehner voll (+ 2) und dann erst fügst du den Rest hinzu (+ 4).

     Jetzt kannst du die Lösung ablesen und sagen: 48 + 6 = 54.

     Kreuze auf deiner Blanko-Trüffel-Karte das richtige Feld ab.
   - → Sagt der Mitspieler „Nein", ist er an der Reihe und er fragt dich.

     Male auf deiner Blanko-Trüffel-Karte einen Kreis, damit du weißt, dass hier kein Trüffel versteckt ist.
2. Nun wird getauscht und dein Mitspieler versucht auf deiner Trüffel-Karte, die Trüffel zu finden.
3. Gewonnen hat derjenige, der zuerst alle neun Trüffel gefunden hat.

	A	B	C	D
1				
2				
3				
4				

	A	B	C	D
1	7 + 6	7 + 4		6 + 8
2		8 + 7		4 + 7
3		5 + 9	7 + 5	
4	8 + 5	9 + 3		

	A	B	C	D
1			6 + 8	
2	4 + 6	5 + 7	5 + 8	7 + 4
3	9 + 6		8 + 9	
4	8 + 5		9 + 8	

hier falten →

hier falten →

hier falten →

Das schnüffelnde Trüffelschweinchen

	A	B	C	D
1			77 + 6	19 + 4
2	55 + 7		65 + 9	25 + 8
3	48 + 6			37 + 8
4			7 + 5	89 + 3

	A	B	C	D
1	7 + 6	57 + 5		36 + 8
2		68 + 7		84 + 7
3		15 + 9	77 + 5	
4	48 + 5	69 + 3		

	A	B	C	D
1	14 + 6		76 + 8	37 + 4
2		25 + 7	85 + 8	
3	8 + 6		67 + 5	
4		48 + 3		59 + 9

hier falten ↑

hier falten ↑

hier falten ↑

Thema der Förderung:

Additionen mit dem Summanden 9 aus Additionen mit dem Summanden 10 ableiten

Allgemein:

Wenn Kinder Aufgaben nur zählend lösen, fällt es ihnen besonders schwer, wenn sie 9 zu einer Zahl addieren müssen. Sie müssen dann neun weiterzählen. Sie nutzen die benachbarte „einfache" Aufgabe (die Addition mit dem Summanden 10) nicht, um die Addition mit dem Summanden 9 zu lösen. Ziel sollte sein, dass Kinder lernen, sich einige Ergebnisse schwieriger Aufgaben aus den Ergebnissen der einfacheren Nachbaraufgabe zu erschließen. Soll z. B. die Aufgabe 7 + 9 gelöst werden, kann diese Aufgabe über das Ergebnis der Aufgabe 7 + 10 erschlossen werden. Um Kinder mit Rechenschwierigkeiten nicht zu überfordern, wird im Spiel nur die Addition mit dem Summanden 9 eingeübt. Eine wichtige Rolle spielen dabei die Zehner und die Einer. Soll das Kind im Spiel 9 addieren, erhält es zu seinen Einern einen Zehner und muss immer wieder einen Einer zurückgeben. Dadurch erhält das Kind die Möglichkeit, diesen Rechenschritt zu verinnerlichen und auf die Symbolebene zu übertragen (7 + 9 = 7 + 10 – 1).

Einzelförderung:

In der Einzelförderung lässt sich gut darauf eingehen, wie Additionen mit dem Summanden 9 einfach auf der Symbolebene gelöst werden können. Die mathematische Struktur wird dem Kind verdeutlicht, sodass es Aufgaben wie z. B. 7 + 9 und 9 + 5 nicht mehr zählend löst. Außerdem begünstigt das Agieren mit den Zehnern und Einern, dass Kinder beginnen, das Stellenwertsystem zu verstehen.

Kleingruppenförderung:

Dieses Spiel eignet sich, um in einer Kleingruppe zu arbeiten. Besteht die Gruppe aus zwei Kindern, spielen zwei Kinder gegeneinander. Sind es drei oder vier Kinder, müssen zwei Spielpläne ausgedruckt werden. Da die Spielregeln recht einfach sind, kann die Lehrkraft (bei drei Spielern) mitspielen oder (bei vier Spielern) zwei Spielpläne betreuen.

Spielvariationen:

Spielt man mit einem Kind oder spielen zwei Kinder, kann jeder Mitspieler zwei kleine Katzen-Spielpläne zum Belegen bekommen, sodass die Aufgaben noch einmal mehr wiederholt werden. Es ist sinnvoll, einem Kind die Aufgabe zu übertragen, den Zehner herauszugeben und den Einer selber wieder einzufordern. Das Kind passt naturgemäß darauf auf, dass der Mitspieler nicht zu viel einbehält und richtig rechnet.

Die wilde Mäusejagd: Spielregeln

Story:

In unserem Haus wohnen Mäuse. Überall! In der Küche, im Wohnzimmer, ja sogar in der Dusche und im Bett habe ich letzte Woche welche gesehen. Jetzt haben wir uns Katzen angeschafft und hoffen, dass sie alle Mäuseverstecke entdecken! Mal sehen, welcher Katze es am schnellsten gelingt, alle Mäuschen zu entdecken. Gewonnen hat, wer alle Mäuschen entdeckt und sie aus der Tür hinausgeschmissen hat. Die wilde Mäusejagd beginnt!

Material: Ein Augenwürfel oder ein Zahlenwürfel 1–6, ein Spielplan „Die wilde Mäusejagd", Mehrsystemblocksatz (mehrere Zehner und Einer), Muggelsteine, pro Spieler eine Spielfigur und ein kleiner Spielplan „Katze"

Ziel: Gewonnen hat derjenige, der die Mäuse entdeckt hat und alle Felder auf seinem Katzenspielplan belegt hat!

Spielanweisung:

In der Mitte liegt der Spielplan „Die wilde Mäusejagd". Es wird immer abwechselnd gewürfelt. Du darfst in jede Richtung setzen, aber beim Setzen selber die Richtung nicht ändern!

1. Stelle deine Spielfigur auf Start.
2. Würfle. Versuche, die Mäuschen zu finden. Dafür musst du auf ein Feld mit einer Zahl kommen. Setze entsprechend der gewürfelten Augenzahl.
3. → Kommst du auf ein Feld mit einer Zahl, bekommst du die entsprechende Anzahl an Einern. (Also beispielsweise bei der 5 bekommst du fünf Einer. Die Einer behältst du in deiner Hand, denn nun bekommst du noch neun zusätzliche Punkte (+ 9), wenn du die ollen Mäuschen zur Tür hinausschmeißt. Setze deine Spielfigur auf die Tür mit der 9!

   Statt der neun Einer darfst du dir aber erst mal nur einen Zehner nehmen. Rechne zuerst die Aufgabe: 5 Einer + 1 Zehner. Richtig: 15.

   Nun musst du aber einen Einer wieder zurück geben, denn eigentlich lautet die Aufgabe 5 Einer + 9 Einer. Wie lautet jetzt das Ergebnis? Richtig: 14.

   Lege einen Muggelstein auf das richtige Lösungsfeld in deiner Katze.

   → Kommst du auf ein leeres Feld oder auf ein ◯-Feld, ist der nächste Spieler an der Reihe.

   → Kommst du auf das Feld mit dem Ausrufezeichen, darfst du deinem Mitspieler einen Muggelstein wegnehmen.
4. Nun ist der nächste Spieler an der Reihe und versucht, auf ein Feld mit einer Zahl zu gelangen.
5. Wenn du wieder an der Reihe bist, darfst du entscheiden, wo deine Spielfigur startet. Setzt du gleich von der Tür aus weiter – oder gehst du auf eines der beiden ◯-Felder.
6. Wenn alle Mäuschen aus dem Haus verjagt sind und alle Felder in einer Katze belegt sind, ist das Spiel aus. Gewonnen hat derjenige, dem das zuerst gelingt!

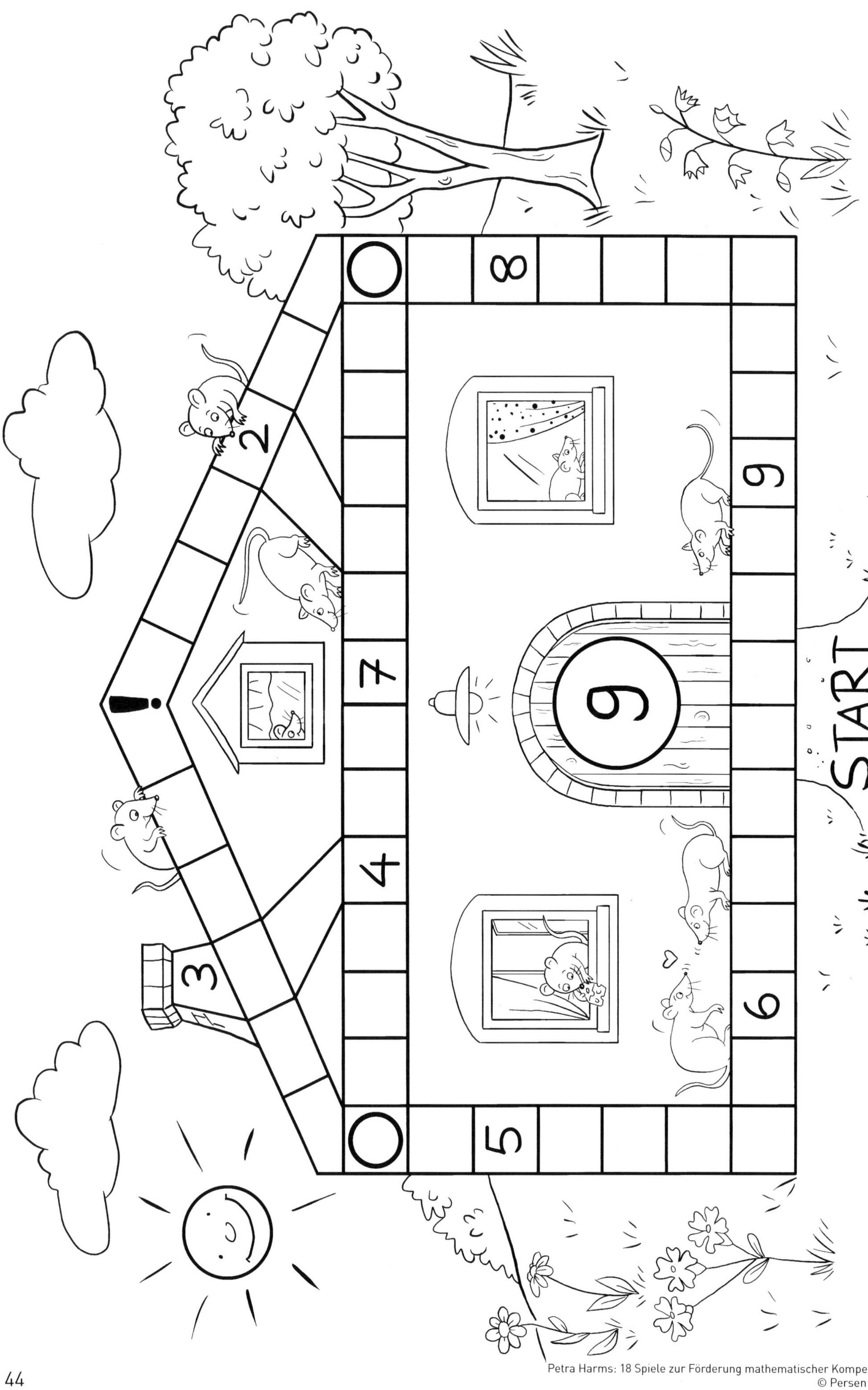

Die wilde Mäusejagd

Die wilde Mäusejagd

Das spannende Autorennen: Förderaspekte

Thema der Förderung:

Verdopplungsaufgaben automatisieren

Allgemein:

Einige Kinder benötigen viel Wiederholung, damit sie sich die Verdopplungsaufgaben im Zahlenraum bis 20 merken können. Um Nachbaraufgaben für vorteilhaftes Rechnen nutzen zu können, benötigen Kinder aber die Sicherheit in den Verdopplungsaufgaben. Wenn Kinder Verdopplungsaufgaben automatisiert lösen können, können sie sich die Ergebnisse schwieriger Aufgaben aus den Lösungen der automatisierten Aufgaben erschließen. Dieses Spiel eignet sich gut, um sich die Verdopplungsaufgaben einzuprägen.

Einzelförderung:

Dieses Spiel erklärt Kindern nicht, warum es von Nutzen ist, die Verdopplungsaufgaben zu kennen bzw. wie man Verdopplungsaufgaben für vorteilhaftes Rechnen nutzt. Dies muss zusätzlich geschehen. Es ist wichtig, dass das Kind begreift, dass es schwierige Aufgaben mit Zehnerübergang vorteilhaft über das bekannte Ergebnis einer Verdopplungsaufgabe rechnen kann. Das Ergebnis 6 + 7 muss um 1 größer sein als 6 + 6. Folglich ist das Ergebnis 13. Es ist sinnvoll die Aufgabenbeziehungen beispielweise am Zwanzigerfeld oder am Rechenrahmen zu verdeutlichen.

Kleingruppenförderung:

Dieses Spiel eignet sich, um in einer Kleingruppe die Verdopplungsaufgaben einzuüben.
Da es sechs Bingo-Karten gibt, können bis zu sechs Spielern bei diesem Spiel mitspielen.
Die häufige Wiederholung der Verdopplungsaufgaben ermöglicht besseres Abspeichern.

Das spannende Autorennen: Spielregeln

Story:

In diesem Jahr gibt es wieder einmal ein besonderes Rennen. Nur die schnellsten Rennfahrer und Rennfahrerinnen treten gegeneinander an. Es gibt verschiedene Strecken, die gefahren werden müssen. Alle Strecken sind sehr unterschiedlich. Manche Strecken sind kurz und schwierig, andere wiederum lang und einfach. Manchmal fährt man auf Straßen, manchmal muss man durchs Gelände. Es zählen die Strecken nur, wenn sie hin und zurück (also doppelt) gefahren worden sind. Am Ende wird der schnellste Rennwagen mit dem besten Fahrer oder der besten Fahrerin gewinnen!

Material: Ein Augenwürfel 1–6, ein Spielplan „Das spannende Autorennen", Muggelsteine, pro Spieler eine Bingo-Karte (3 × 3) und eine Spielfigur.

Ziel: Gewonnen hat derjenige, der zuerst ein Super-Bingo hat (drei Dreier-Reihen waagerecht, senkrecht oder diagonal).

Spielanweisung:

In der Mitte liegt der Spielplan „Das spannende Autorennen". Jeder hat zusätzlich eine Bingo-Karte vor sich liegen. Es wird immer abwechselnd gewürfelt. Du darfst in jede Richtung setzen, aber beim Setzen selber die Richtung nicht ändern!

1. Stelle deine Spielfigur auf Start.
2. Würfle! Setze entsprechend der gewürfelten Augenzahl!
3. Kommst du beispielsweise auf ein Feld mit einer Aufgabe, suchst du die entsprechende Lösung auf deiner Bingo-Karte und legst einen Muggelstein darauf. Kommst du auf das ✱-Feld, dann darfst du einem Mitspieler einen Muggelstein wegnehmen. Nun ist der nächste Spieler an der Reihe.
4. Wenn man eine Dreier-Reihe (waagerecht, senkrecht oder diagonal) mit Muggelsteinen belegt hat, ruft man „Bingo". Wenn man drei Dreier-Reihen hat, ruft man „Superbingo" und hat gewonnen!

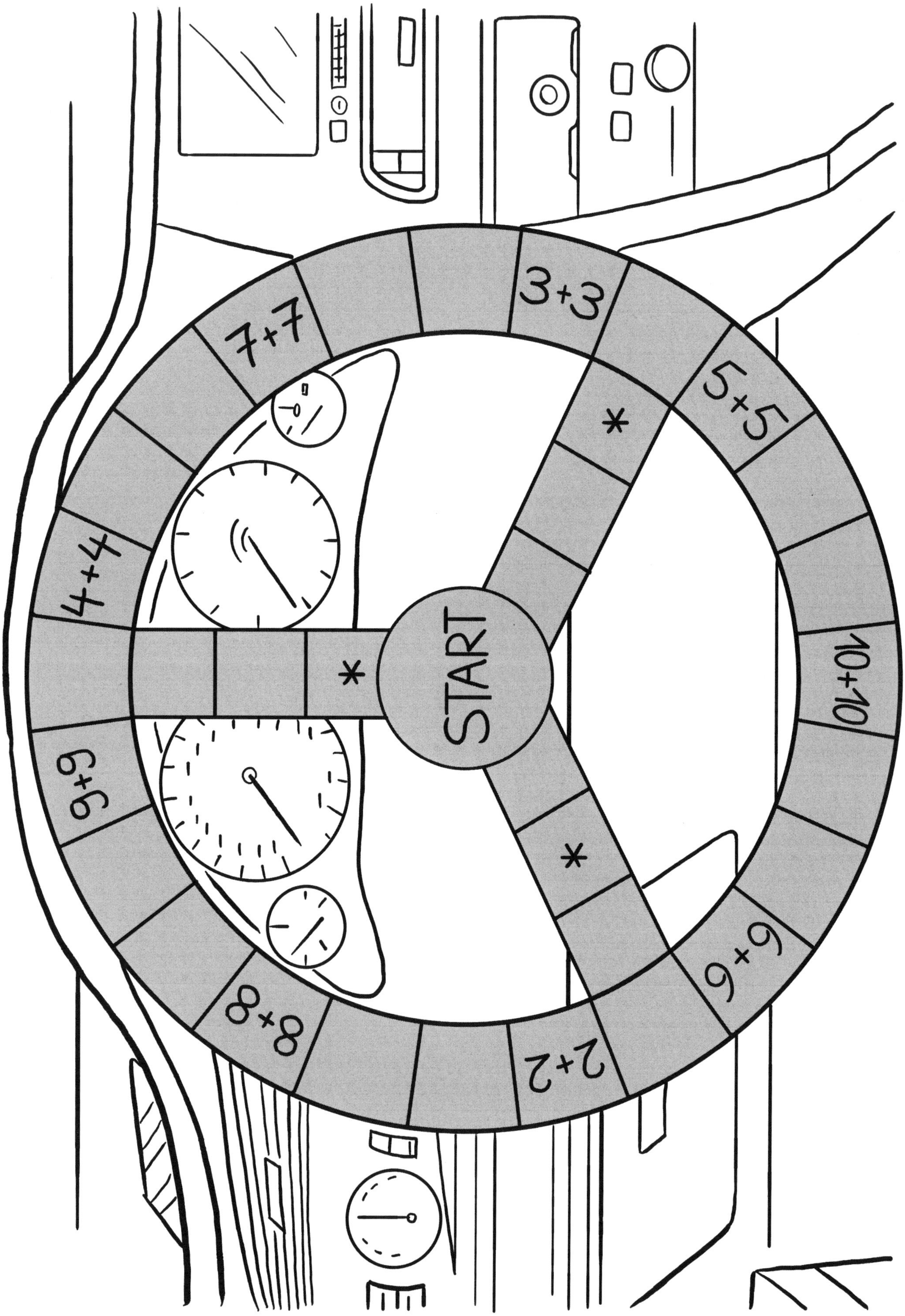

START

*

*

*

3+3

5+5

10+10

6+6

2+2

8+8

9+9

4+4

7+7

Das spannende Autorennen

12	4	18
8	10	6
20	16	14

18	20	8
6	14	16
4	10	12

8	14	10
20	12	4
6	18	16

10	18	6
14	8	20
16	12	4

4	12	14
16	6	10
18	20	8

20	6	16
10	4	12
14	8	18

Thema der Förderung:

Verdopplungsaufgaben zum Rechnen beim Zehnerübergang nutzen/Verdoppeln + 1

Allgemein:

Einige Kinder nutzen die Verdopplungsaufgaben nicht, um benachbarte „schwierigere“ Aufgaben zu lösen. Ziel sollte sein, dass die Kinder lernen, sich einige Ergebnisse schwieriger Aufgaben aus den Ergebnissen der automatisierten Verdopplungsaufgaben zu erschließen. Soll z. B. die Aufgabe 7 + 8 gelöst werden, kann das Ergebnis über das bekannte Ergebnis der Verdopplungsaufgabe (7 + 7 = 14 oder 8 + 8 = 16) erschlossen werden. Um Kinder mit Rechenschwierigkeiten nicht zu überfordern, werden im Spiel nur Verdopplungsaufgaben + 1 eingeübt. Das Ergebnis der Aufgabe 7 + 8 ist um 1 größer als 14, also 15.

Einzelförderung:

Dieses Spiel ermöglicht Kindern, die die Verdopplungsaufgaben automatisiert haben, „Fast-Verdopplungsaufgaben“ (2 + 3, 4 + 5, 6 + 7, ...) zu lösen, indem sie die Verdopplungsaufgaben nutzen, um zur Lösung zu gelangen. Es erklärt den Rechenweg nicht, gibt aber den Rechenweg vor. Im Anschluss muss erarbeitet werden, warum das so ist. Sinnvoll ist es, den Kindern die Aufgabenbeziehungen konkret handelnd (z. B. am Zwanzigerfeld oder zeichnerisch) zu vergegenwärtigen. Es ist wichtig, dass das Kind den Nutzen der „Verdopplungsaufgaben“ erkennt.

Kleingruppenförderung:

Dieses Spiel eignet sich, um in einer Kleingruppe das Lösen von „Fast-Verdopplungsaufgaben“ (2 + 3, 4 + 5, 6 + 7 ...) einzuüben. Durch das häufige Wiederholen des Rechenwegs wird ein besseres Abspeichern ermöglicht.

Spielvariationen:

Wenn die Aufgaben mit der Hilfe der Verdopplungsaufgaben + 1 gelöst werden können, ist es möglich, das Blatt in der Mitte (an der Linie) zu falten oder abzudecken, sodass das Kind die Aufgaben ohne Hilfe lösen kann.

Die mies gelaunten Schildkröten: Spielregeln

Story:

Zwei (Drei, Vier, ...) Schildkröten sehen sich so schrecklich ähnlich. Das macht ihnen schlechte Laune, weil keiner weiß, wer eigentlich wer ist. Die Schildkröten kann man aber an ihrem Panzer unterscheiden, da alle Teile des Panzers sehr verschieden aussehen. Damit sie ihre Panzerteile bekommen, müssen sie gegeneinander antreten. Derjenige, der zuerst alle seine Panzerteile zusammen hat, hat gewonnen.

Material: Ein Zahlenwürfel 0–9 (alternativ: Zahlenkarten 0–9), ein Spielplan „Die mies gelaunten Schildkröten“, pro Spieler ein Spielplan „Schildkröte“ und zehn Wendeplättchen (bei zwei Spielern) oder zehn Muggelsteine in einer Farbe (bei mehr als zwei Spielern)

Ziel: Gewonnen hat derjenige, der zuerst seine Schildkröte gefüllt hat.

Spielanweisung:

In der Mitte liegt der Spielplan „Die mies gelaunten Schildkröten“. Jeder hat zusätzlich einen eigenen Spielplan „Schildkröte“ vor sich liegen. Es wird immer abwechselnd gewürfelt.

1. Lege ein Wendeplättchen (oder einen Muggelstein) in deiner Farbe auf Start.
2. Würfle! Setze entsprechend der gewürfelten Augenzahl!
3. Kommst du beispielsweise auf die Aufgabe „6 + 7“, rechnest du zuerst 6 + 6 und dann plus 1. Nun suchst du die entsprechende Lösung „13“ auf deiner Schildkröte und legst dein Wendeplättchen (oder deinen Muggelstein) darauf.

   Kommst du auf das ★-Feld, dann darfst du dir eine Aufgabe aussuchen.

   Würfelst du eine 0, dann darfst du deinem Mitspieler ein Wendeplättchen (oder einen Muggelstein) wegnehmen. Würfelst du eine Aufgabe noch einmal, hast du Pech gehabt! Nun ist der nächste Spieler an der Reihe.
4. Wenn du wieder an der Reihe bist, nimmst du dir ein neues Wendeplättchen.
5. Derjenige, der zuerst seine Schildkröte voll hat, gewinnt.

Die mies gelaunten Schildkröten

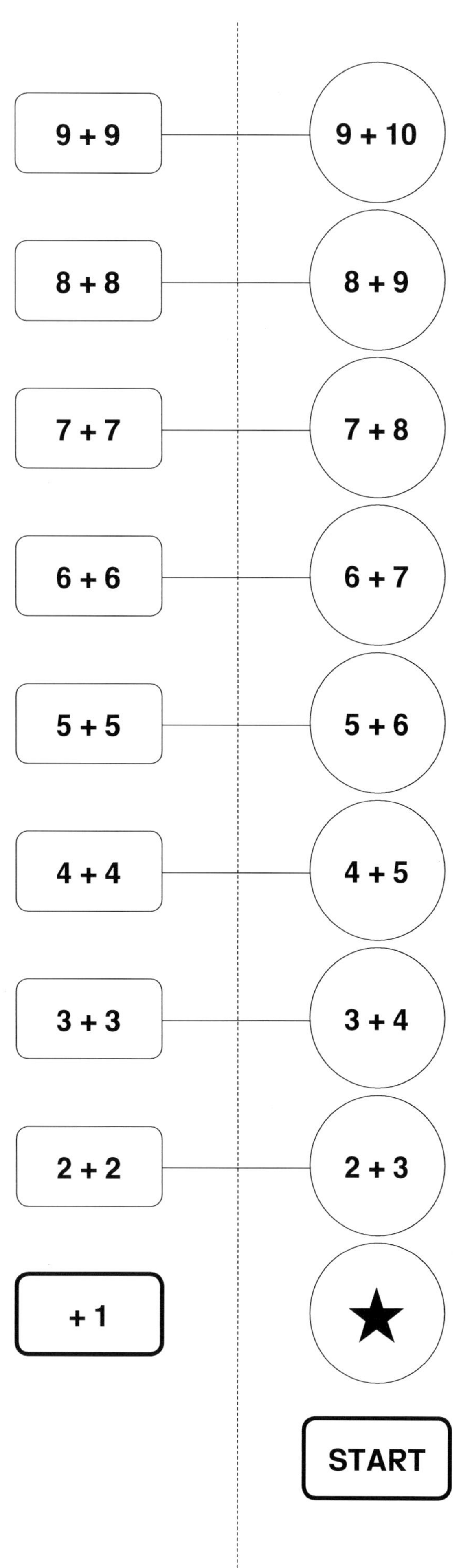

Die mies gelaunten Schildkröten

Thema der Förderung:

Halbieren im Zahlenraum bis 20

Allgemein:

Die Halbierungsaufgaben sind nicht nur für das Zahl- und Operationsverständnis wichtig, auch für die Erweiterung des Zahlenraumes ist die Fähigkeit des Halbierens sehr nützlich. Beim Spielen werden die Halbierungsaufgaben im Zahlenraum bis 20 nachvollzogen und geübt. Die Kinder haben die Möglichkeit, die Zahlen am Rechenrahmen oder im Zwanzigerfeld zu halbieren. Sie werden feststellen, dass nicht alle Zahlen zu halbieren sind und werden sich durch die Wiederholung der Halbierungsaufgaben einige davon merken. Dieses Spiel eignet sich gut, um sich die Halbierungssaufgaben einzuprägen.

Einzelförderung:

In der Einzelförderung sollte man den Erkenntnisgewinn bei den Kindern nicht zu sehr forcieren. Manche Kinder benötigen Zeit, um zu erkennen, dass beispielsweise die 12 zu halbieren ist, die 13 nicht und dass eine Regelmäßigkeit erkennbar ist. Das Halbieren fällt den meisten Kindern in der Regel schwerer als das Verdoppeln. Darum sollte man den Kindern die Umkehrbarkeit beider Operationen immer wieder veranschaulichen. Es ist sinnvoll, die Aufgabenbeziehungen beispielweise am Zwanzigerfeld oder am Rechenrahmen zu verdeutlichen. Wenn Kinder sich die Halbierungsaufgaben erst einmal gemerkt haben, können sie diese nachfolgend für schwierigere Aufgaben nutzen.

Kleingruppenförderung:

Dieses Spiel eignet sich, um in einer Kleingruppe die Halbierungsaufgaben einzuüben. Besteht die Gruppe aus zwei Kindern, spielen zwei Kinder gegeneinander. Sind es drei oder vier Kinder, müssen zwei Spielpläne kopiert werden. Bei drei Spielern muss die Lehrkraft mitspielen und zwei Spiele betreuen.

Spielvariationen:

Sobald die Kinder einige Halbierungsaufgaben ohne Anschauungsmaterial lösen können, kann der Rechenrahmen (bzw. das Zwanzigerfeld) als Anschauungshilfe weggelassen werden. Der Rechenweg der Halbierungsaufgaben wird im weiteren Schritt nur noch sprachlich begleitet. Man kann den Kindern Tipps geben, wie sie sich die verbleibenden (also noch nicht abgespeicherten) Halbierungsaufgaben im Kopf erarbeiten können.

Der kleine Dino: Spielregeln

Story:

Der kleine Dino ist mit einem Augenfehler geboren. Er schielt heftig und sieht immer alles doppelt. Aber was er doppelt sieht, entspricht ja nicht der Wirklichkeit! Nur wenn er seine Brille aufsetzt, sieht er richtig. Es wird alles halbiert. Aus 4 Autos werden, wenn der Dino seine Brille aufsetzt, 2 Autos, aus 6 Blumen werden 3 Blumen. Mach es wie der Dino, setze die Brille auf und halbiere alles! Wer am Ende die meisten Plättchen in seiner Farbe (im Dino) abgelegt hat, gewinnt!

Material: Ein Augenwürfel 1–6, ein Spielplan „Der kleine Dino“, 20 Wendeplättchen (Ø 2,5 cm), eine rote und eine blaue Spielfigur, ein Rechenrahmen oder Zwanzigerfeld

Ziel: Gewonnen hat derjenige, der am Ende die meisten Wendeplättchen (im Dino) in seiner Farbe gelegt hat.

Spielanweisung:

In der Mitte liegt der Spielplan „Der kleine Dino“. Auf jedes Zahlenfeld im Kreis wird ein Wendeplättchen gelegt. Der Dino, das Startfeld und das ◎-Feld bleiben leer. Nun entscheiden die Mitspieler, welche Farbe sie wählen. Es wird immer abwechselnd gewürfelt. Es wir nur in Pfeilrichtung gesetzt!

1. Stelle deine Spielfigur auf Start.
2. Würfle! Setze entsprechend der gewürfelten Augenzahl!
3. Nimm das Wendeplättchen hoch, sodass du die Zahl darunter siehst. Halbiere diese Zahl. Nimm dir den Rechenrahmen (oder das Zwanzigerfeld) und probiere es aus. Klappt es, dann suchst du die Zahl im Dino und legst das Plättchen mit deiner Farbe nach oben darauf.

   Kommst du auf das ◎-Feld, dann darfst du ein Wendeplättchen im Dino zu deinen Gunsten umdrehen. Nun ist der nächste Spieler an der Reihe.
4. Das Spiel ist zu Ende, wenn der kleine Dino vollständig belegt ist!
5. Gewonnen hat derjenige, der die meisten Plättchen in seiner Farbe hat.

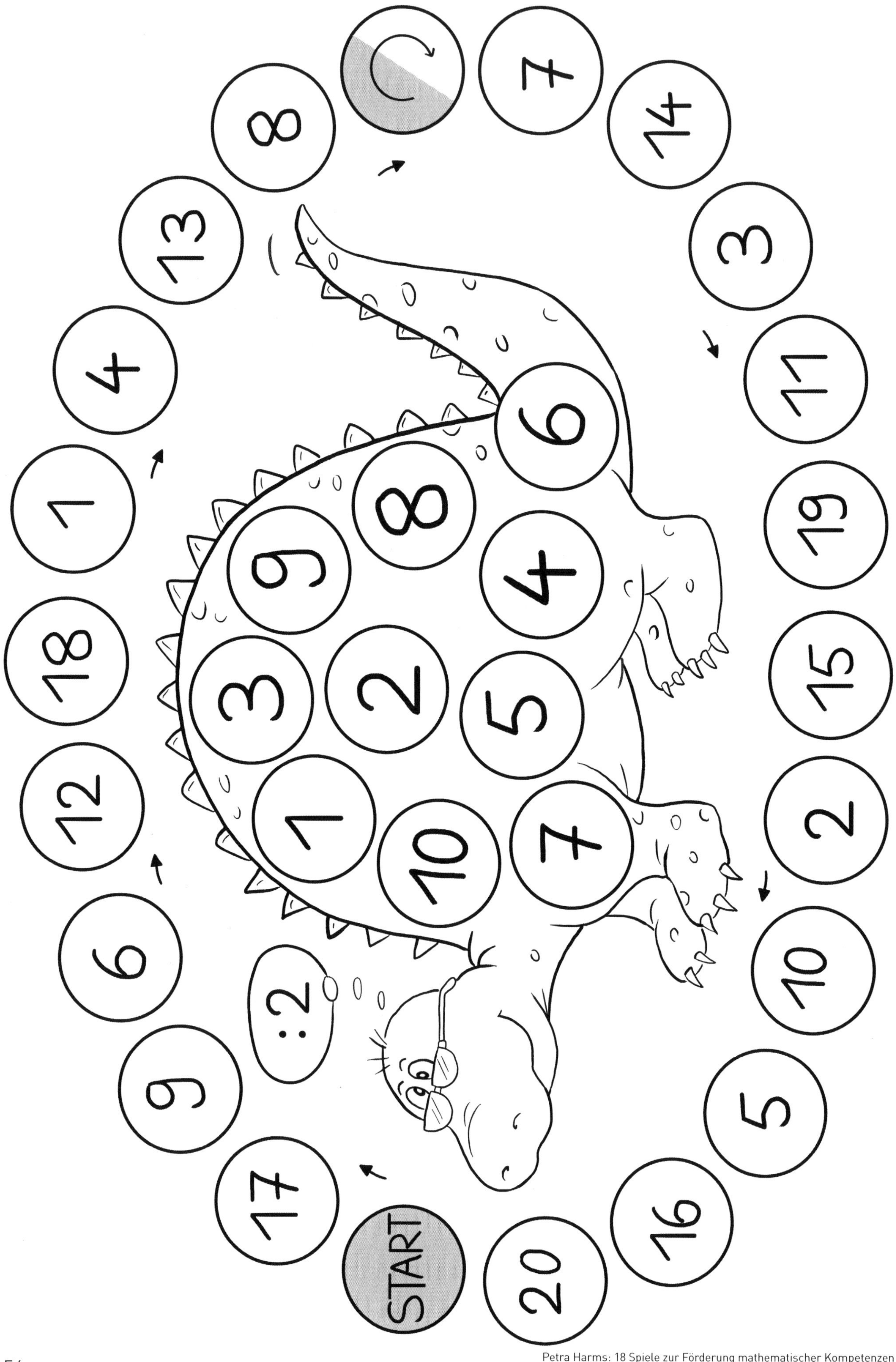

START
17
9
6
12
18
1
4
13
8
7
14
3
11
19
15
2
10
5
16
20

6
8
4
9
3
2
5
1
10
7
:2

Petra Harms: 18 Spiele zur Förderung mathematischer Kompetenzen

Thema der Förderung:

Zahlen bis 100 (bzw. bis 1000) hören, lesen, legen und vergleichen

Allgemein:

Vielen Kindern fällt es schwer, Zahlen zu lesen und zu schreiben, wenn der Zahlenraum auf Hundert erweitert wird. Es kommt häufig zu Zahlendrehern. Nicht nur die inverse deutsche Sprechweise, auch Schwächen in der Wahrnehmung der Raum-Lage sind dafür ursächlich.

Das Spiel unterstützt die Kinder darin, die Zahlen bis 100 (bzw. bis 1000) richtig zu notieren.

Einzelförderung:

Dieses Spiel ist sehr gut geeignet, um sich in der Einzelförderung die Zahlen bis 100 (bzw. bis 1000) genauer anzusehen. Beim Spielen werden die Zahlen gehört, gelesen, gelegt und verglichen. Wichtig kann es sein, die Zahlen mit dem Mehrsystemblocksatz immer wieder legen zu lassen. Das Stellenwertsystem wird so immer wieder veranschaulicht. Das Kind sollte versuchen, sein mathematisches Handeln sprachlich zu kommentieren.

Kleingruppenförderung:

Auch in der Kleingruppe (2–4 Kinder) ist dieses Spiel gut einsetzbar. Man kann auch mehrere Zahlen miteinander vergleichen. Eventuell muss man die Tabelle etwas verlängern, da bei einer erhöhten Anzahl an Mitspielern mehr Zahlen miteinander verglichen werden.

Spielvariationen:

Wenn man Zahlen im Zahlenraum bis 1000 einüben möchte, spielt man das Spiel entsprechend mit einem 9er-Würfel mehr. Die Kinder müssen die größte Zahl immer nach links legen und bekommen durch die häufige Wiederholung dieser Vorgehensweise eine Routine beim Schreiben, Legen und Lesen der Zahlen.

Die gefährliche Spinne: Spielregeln

Story:

Die Spinne sitzt in ihrem Netz und wartet darauf, dass sich Fliegen, Bienen, Wespen, Hummeln oder Schmetterlinge darin verfangen. Sobald sich ihre Beute im Netz verfangen hat, wird sie von der Spinne gebissen und durch das von ihr abgegebene Verdauungssekret langsam zersetzt. Die Spinne umwickelt dann die Beute mit Spinnfäden und bewahrt sie als Vorrat im Netz auf, um sie bei Bedarf zu verzehren. Wer ist die gefährlichste Spinne und erbeutet am meisten? Gewonnen hat, wer die meisten Insekten erbeutet!

Material: Zwei (oder drei) 9er-Würfel (1–9) (alternativ: zwei oder drei Stapel mit Zahlenkarten 1–9), Mehrsystemblocksatz (ein Hunderter, mehrere Zehner und Einer), pro Spieler ein Spielplan „Spinnennetz“ und ein Bleistift

Ziel: Gewonnen hat derjenige, der zuerst zehn Insekten (Zahlen) in seinem Netz erbeutet hat.

Spielanweisung:

Jeder hat einen Spielplan „Spinnennetz“ vor sich liegen. Es wird immer abwechselnd mit zwei 9er-Würfeln gewürfelt. Der jüngste Spieler beginnt.

1. Würfle mit beiden (bzw. drei) 9er-Würfeln! Bilde mit den beiden Würfeln die größte Zahl. Sage die Zahl und trage sie auf dem Spinnenblatt in die Tabelle ein. Tipp: Die größte Ziffer sollte immer ganz links in der Tabelle stehen. Lege verschiedene Zahlen mit den Würfeln, wenn du dir unsicher bist.
2. Nun ist der nächste Spieler an der Reihe. Er würfelt ebenfalls mit beiden (bzw. drei) 9er-Würfeln. Er sagt seine Zahl ebenfalls und trägt sie auf seinem Spinnenblatt in die Tabelle ein. Nun vergleicht ihr eure Zahlen und entscheidet, wer die größere Zahl hat.
3. Wer die größere Zahl hat, hat die erste Beute gewonnen und trägt die Zahl in seinem Spinnennetz ein.
4. Ihr würfelt so lange, bis einer sein Spinnennetz als erstes voll hat! Der Sieger ist die gefährlichere Spinne.

Die gefährliche Spinne

E																
Z																

E																
Z																
H																

Themen der Förderung:

- Die Zehnerbündelung und das Stellenwertsystem nachvollziehen
- Den 10er-Übergang handelnd nachvollziehen
- Ergänzungsaufgaben bis 100 nachvollziehen

Allgemein:

Viele Kinder benötigen Zeit, um die Bedeutung der Zehnerbündelung in unserem Stellenwertsystem zu verstehen. Sie müssen verstehen, dass zehn Einer einem Zehner und wiederum zehn Zehner einem Hunderter entsprechen. Im aktiven Umgang mit den Mehrsystemblöcken können sie dies handelnd nachvollziehen. Darüber hinaus verstehen manche Kinder das Stellenwertsystem nicht. Ihnen ist nicht klar, warum man beispielsweise die Zahl 12 nicht bei den Einern eintragen kann, wo sie doch zwölf Einer vor sich liegen haben. Durch die häufige Wiederholung lernen sie schnell, dass die Zahl 12 aus einem Zehner und zwei Einern besteht. Des Weiteren ermöglicht das Spiel nachzuvollziehen, was genau beim Zehnerübergang passiert. Hat ein Kind beispielsweise 25 auf seinem Spielplan liegen und würfelt es dann eine 6, muss es zehn Einer in einen Zehner tauschen und einen Einer behalten. Wichtig in der Förderung ist immer die Versprachlichung der mathematischen Handlung.

Einzelförderung:

Dieses Spiel ist sehr gut geeignet, um in der Einzelförderung verschiedene Förderaspekte zu berücksichtigen. Besonders gut lässt sich das mathematische Handeln eines Kindes sprachlich kommentieren. Das Kind macht bei diesem Spiel nicht die Erfahrung, dass es nicht rechnen kann, sondern erlebt, dass es ein mathematisches Spiel auch gewinnen kann. Spielt man das Spiel öfter mit einem Kind und lässt ihm die nötige Zeit, kommt es in der Regel zu eigenen mathematischen Erkenntnissen. Sehr schnell benennen viele Kinder die Anzahl und wie viel sie noch benötigen, um den Hunderter zu bekommen. Sie vergleichen auch die eigene Anzahl mit der Lehrperson, vergleichen also Mengen miteinander und begreifen zum Beispiel, dass ein Zehner mehr ist als sechs Einer.

Kleingruppenförderung:

Auch in der Kleingruppe (2–4 Kinder) ist dieses Spiel gut einsetzbar. Wenn man das Spiel öfter spielt, kann man auf dem Spielplan den Namen eintragen und festhalten (die Kreise unterhalb des Namens), dass man gewonnen hat. Derjenige, der als erstes alle Punkte hat, hat gewonnen. Das Spiel lässt sich also auch einfach in der nächsten Förderstunde weiterspielen.

Spielvariationen:

Das Spiel ermöglicht mehrere Spielvariationen. Man kann das Spiel zum Beispiel mit einem Zehner-Würfel würfeln oder mit zwei Augenwürfeln. Des Weiteren kann man einen Schüler bestimmen, der den Tausch von Zehnern und Einern übernimmt. Man kann das Spiel auch erweitern, indem man einfordert, dass die Kinder ihre mathematischen Handlungen versprachlichen. So sollen sie beispielsweise sagen, wie viele sie haben und wie viele sie dazu bekommen (48 + 4) und wie viel das ergibt. Dies können sie auch schrittweise lösen (Zehnerstopp!). Ich tue erst 2 dazu, dann habe ich 50 (fünf Zehner) und dann bleiben noch zwei Einer, also 52. Da das Spiel auch gespielt werden kann, wenn man die Rechnung noch nicht im Kopf lösen kann, eignet sich das Spiel auch als Partnerspiel.

Möchte man das Spiel öfter spielen, können Kinder ihren eigenen Spielplan gestalten, den man anschließend laminiert. In der Regel motiviert dies die Kinder zusätzlich.

Die erste 100!: Spielregeln

Story:

Ach, du meine Güte! Da will die Lehrerin doch tatsächlich wissen, wie viele Autos an einem Vormittag an der Schule vorbeifahren. Wir haben geschätzt, dass es bestimmt über hundert Autos sind. Die Lehrerin glaubt nicht, dass es an jedem Wochentag so viele Autos sind und hat gegen uns gewettet! Also haben wir sie von Montag bis Freitag gezählt! Wenn jemand hundert Autos gezählt hat, dann hat die Lehrerin ihre Wette verloren! Für jedes Auto gibt es einen Punkt, für zehn Punkte gibt es einen Strich und wenn man zehn Striche hat, ja dann gibt es wohl Hundert!

Vorbereitung: Bevor man das Spiel mit Kindern spielt, werden den Kindern die Einer, Zehner und ein Hunderter des Mehrsystemblocksatzes gezeigt und erklärt.

Material: Ein Augenwürfel 1–6, Mehrsystemblocksatz (ein Hunderter, mehrere Zehner und Einer), ein Spielplan „Wer bekommt die 100?“ und ein Buntstift pro Spieler

Ziel: Gewonnen hat derjenige, der den Hunderter zuerst bekommt.

Spielanweisung:

In der Mitte liegen die Einer, die Zehner und ein Hunderter. Jeder hat einen eigenen Spielplan „Wer bekommt die 100?“ vor sich liegen. Es wird immer abwechselnd gewürfelt. Der jüngste Spieler beginnt.

1. Würfle! Nimm dir entsprechend der gewürfelten Augenzahl Einer und lege sie auf deinen Spielplan (E = Einer)!
2. Nun ist der nächste Spieler an der Reihe.
3. Wenn du wieder an der Reihe bist, würfelst du erneut und nimmst dir die entsprechenden Einer.

   Hast du zehn oder mehr Einer, tauscht du zehn Einer gegen einen Zehner aus.
   Du lässt die übrigen Einer liegen und legst den gewonnenen Zehner auf deinen Spielplan (Z = Zehner).
4. Derjenige, der zuerst zehn Zehner hat, erhält den Hunderter und hat gewonnen.
5. Nun trägt der Gewinner seinen Gewinn auf seinem Spielplan ein. Er malt einen der Kreise unterhalb seines Namens an.

Name: ____________

○ ○ ○ ○ ○

Die erste 100!

H	Z	E

Thema der Förderung:

Operationsverständnis der Multiplikation aufbauen

Allgemein:

Dieses Spiel dient zum einen dazu, ein Operationsverständnis der Multiplikation aufzubauen, zum anderen aber auch zur Einübung des kleinen Einmaleins. Anders als beim altbekannten Kniffel, geht die Multiplikation in diesem Spiel nicht nur bis 6, sondern bis 10. Die Kinder können die Malaufgabe als Bild vor sich sehen und diese versprachlichen. „Ich habe 7-mal die 6 (Augenwürfel) gewürfelt“. Die Lösung kann in einer Tabelle abgelesen werden, da es zunächst nicht darum geht, alle Ergebniszahlen zu können. Die bildliche Darstellung ermöglicht die Versprachlichung der Handlung. Erst im weiteren Schritt kann man die symbolische Ebene (also den Verzicht der Augenwürfel) anbieten und stattdessen Zahlenwürfel einsetzen. Es gibt zwei Spielpläne. Der eine Spielplan wird mit zehn Augenwürfeln (1–6) gespielt, der andere mit zehn Zahlenwürfeln (1–10). Für den zweiten Spielplan muss entsprechend mehr Spielzeit eingeplant werden. Die Würfel werden nicht nur dreimal geworfen und gesammelt, sondern es wird viermal geworfen. Dies ermöglicht, dass gerade die höheren (schwierigen) Einmaleins-Reihen häufiger vorkommen. Am Ende müssen die Ergebniszahlen addiert werden. Auch hier gibt es verschiedene Möglichkeiten, die Addition in der Förderung zu erarbeiten.

Einzelförderung:

Dieses Spiel ist sehr gut geeignet, um in der Einzelförderung darauf zu achten, dass das Kind sein mathematisches Handeln sprachlich kommentiert. Da die Kinder zu Beginn die Einmaleins-Reihen nicht beherrschen, werden sie ihnen auf dem Spielplan angeboten. Spielen Kinder dieses Spiel öfter, werden sie nebenbei ein paar Einmaleins-Aufgaben automatisieren. Es ist nicht unwichtig, zehn verschiedenfarbige Würfel zu nehmen, da dies die Kinder in der Regel stark anspricht. Dieses Spiel ist als Ergänzung zu verstehen, um ein tragfähiges Operationsverständnis der Multiplikation aufzubauen. Kinder müssen natürlich auch in anderen vielfältigen Zusammenhängen die Multiplikation kennenlernen!

Kleingruppenförderung:

Auch in der Kleingruppe (2–4 Kinder) ist dieses Spiel gut einsetzbar. Mehr als vier Kinder eignen sich nicht, da das Würfeln sonst zu lange dauert. Wenn das Spiel nicht in der Förderstunde beendet ist, kann es in der nächsten Stunde weitergespielt werden.

Das lustige Würfelspiel: Spielregeln

Material: Spielplan 1: Zehn verschiedenfarbige Augenwürfel 1–6, ein Würfelbecher, pro Spieler ein Würfelplan (1 × 1, 1 × 2, 1 × 3, 1 × 4, 1 × 5, 1 × 6) und ein Bleistift

Spielplan 2: Zehn Zahlenwürfel 1–10, ein Würfelbecher, pro Spieler ein Würfelplan (1 × 1, 1 × 2, 1 × 3, 1 × 4, 1 × 5, 1 × 6, 1 × 7, 1 × 8, 1 × 9, 1 × 10) und ein Bleistift

Ziel: Gewonnen hat derjenige, der am Ende die meisten Punkte hat.

Spielanweisung:

Die zehn Augenwürfel (oder die zehn Zahlenwürfel 1–10) kommen in den Würfelbecher.
Es wird abwechselnd gewürfelt.

1. Würfle alle zehn Würfel. Sammle die Würfelzahl, von der du am meisten in deinem Wurf hast (zum Beispiel die 4, wenn du davon am meisten hast). Diese Zahl sammelst du auch in den nächsten Würfen. Du darfst insgesamt viermal würfeln. Bei jedem Wurf tust du die Würfel an die Seite, die du sammelst. Am Ende zählst du, wie oft du einen Würfel hast (beispielsweise 7 × die 4). Nun guckst du in der Tabelle nach, wie die Ergebniszahl der Aufgabe lautet und trägst sie in deinen Spielplan ein.
2. Nun ist der nächste Spieler an der Reihe und würfelt.
3. Wenn du das nächste Mal an der Reihe bist, darfst du die gleiche Augenzahl (Zahl) nicht noch einmal sammeln.
4. Gewonnen hat, wer am Ende die meisten Punkte erreicht hat.

Das lustige Würfelspiel

Name: ______________________________

	1 •	2 •	3 •	4 •	5 •	6 •	7 •	8 •	9 •	10 •	**Ergebnis**
⚀											
⚁											
⚂											
⚃											
⚄											
⚅											

1 • 1 = 1	1 • 2 = 2	1 • 3 = 3	1 • 4 = 4	1 • 5 = 5	1 • 6 = 6
2 • 1 = 2	2 • 2 = 4	2 • 3 = 6	2 • 4 = 8	2 • 5 = 10	2 • 6 = 12
3 • 1 = 3	3 • 2 = 6	3 • 3 = 9	3 • 4 = 12	3 • 5 = 15	3 • 6 = 18
4 • 1 = 4	4 • 2 = 8	4 • 3 = 12	4 • 4 = 16	4 • 5 = 20	4 • 6 = 24
5 • 1 = 5	5 • 2 = 10	5 • 3 = 15	5 • 4 = 20	5 • 5 = 25	5 • 6 = 30
6 • 1 = 6	6 • 2 = 12	6 • 3 = 18	6 • 4 = 24	6 • 5 = 30	6 • 6 = 36
7 • 1 = 7	7 • 2 = 14	7 • 3 = 21	7 • 4 = 28	7 • 5 = 35	7 • 6 = 42
8 • 1 = 8	8 • 2 = 16	8 • 3 = 24	8 • 4 = 32	8 • 5 = 40	8 • 6 = 48
9 • 1 = 9	9 • 2 = 18	9 • 3 = 27	9 • 4 = 36	9 • 5 = 45	9 • 6 = 54
10 • 1 = 10	10 • 2 = 20	10 • 3 = 30	10 • 4 = 40	10 • 5 = 50	10 • 6 = 60

Das lustige Würfelspiel

Name: ______________________________

	1 •	2 •	3 •	4 •	5 •	6 •	7 •	8 •	9 •	10 •	Ergebnis
1											
2											
3											
4											
5											
6											
7											
8											
9											
10											

	1	2	3	4	5	6	7	8	9	10
1	1	2	3	4	5	6	7	8	9	10
2	2	4	6	8	10	12	14	16	18	20
3	3	6	9	12	15	18	21	24	27	30
4	4	8	12	16	20	24	28	32	36	40
5	5	10	15	20	25	30	35	40	45	50
6	6	12	18	24	30	36	42	48	54	60
7	7	14	21	28	35	42	49	56	63	70
8	8	16	24	32	40	48	56	64	72	80
9	9	18	27	36	45	54	63	72	81	90
10	10	20	30	40	50	60	70	80	90	100

Thema der Förderung:

Einzelne 1×1-Reihen gezielt üben

Allgemein:

Für viele Kinder ist das Automatisieren des kleinen Einmaleins eine schwierige Lernaufgabe, die in der Regel mehr Zeit erfordert als im Unterricht dafür vorgesehen wird. Dieses Spiel dient nicht dazu ein Operationsverständnis der Multiplikation aufzubauen, sondern ermöglicht eine intensive Beschäftigung mit einzelnen 1×1-Reihen. Das Spiel bietet vielfältige Einsatzmöglichkeiten, da es einfach ist und Kinder mit unterschiedlichen Lernvoraussetzungen damit gemeinsam spielen können. So kann das eine Kind noch die 10er-Reihe üben, während ein anderes bereits versucht, sich die 7er-Reihe zu merken.

Einzelförderung:

Jedes Kind benötigt unterschiedlich viel Zeit, um sich die einzelnen 1×1-Reihen zu merken, da nicht von gleichen Lernvoraussetzungen ausgegangen werden kann. Obwohl manche Kinder noch unsicher in der Addition und Subtraktion im zweistelligen Zahlenbereich sind, sie das Stellenwertsystem noch nicht verinnerlicht haben (Zahlendreher!) oder das Operationsverständnis der Multiplikation noch nicht gesichert ist, wird das Einmaleins eingeführt. Erschwerend hinzu kommt, dass manchen Kindern die Unterstützung von Zuhause fehlt. In der Einzelförderung kann man diese Lernvoraussetzungen durch Handlungserfahrungen gut fördern und verbessern. Im Anschluss oder zu Beginn der Förderung kann man sich mit dem Kind gezielt eine Reihe vornehmen, um die Aufgaben dieser Reihe zu automatisieren. Die Kinder gestalten ihre 1×1-Schnecke gerne sehr bunt. Sie sollten die 1×1-Reihe selber in die Schnecke eintragen. Die Erarbeitung dieser 1×1-Reihe im Vorhinein ist unerlässlich. Gut lässt sich dieses Spiel auch als Hausaufgabe mitgeben.

Kleingruppenförderung:

Auch in der Kleingruppe (2–5 Kinder) ist dieses Spiel gut einsetzbar. Es hat einfache Spielregeln und spricht in der Regel alle Kinder an. Wenn man das Spiel mit verschieden Reihen spielen möchte, ist es sinnvoll, wenn man die bunten 1×1-Schnecken der Kinder laminiert und die Reihen mit einem Non-Permanent-Stift immer wieder neu einträgt.

Spielvariationen:

Das Spiel lässt sich auch mit der ganzen Lerngruppe (Klasse) spielen. Entweder zur Einführung einer 1×1-Reihe, als Übungsspiel im Wochenplan oder mit individuellen 1×1-Reihen in der gemeinsamen Übungszeit.

Die bunte 1x1-Schnecke: Spielplan

Vorbereitung: Bevor man das Spiel mit Kindern spielt, muss festgelegt worden sein, welche Reihe jedes Kind übt. Diese Reihe wird dann von den Kindern selbst in die 1×1-Schnecke eingetragen. In der Mitte der Schnecke ist das Ende der Reihe.

Material: Ein Augenwürfel 1–6, ein Spielplan „Die bunte 1×1-Schnecke", pro Spieler eine 1×1-Schnecke und eine Spielfigur, Muggelsteine

Ziel: Gewonnen hat derjenige, der seine 1×1-Schnecke zuerst mit Muggelsteinen belegt hat.

Spielanweisung:

In der Mitte liegt der Spielplan „Die bunte 1×1-Schnecke". Jeder hat zusätzlich seine eigene 1×1-Schnecke vor sich liegen. Es wird immer abwechselnd gewürfelt. Der jüngste Spieler beginnt.

1. Stelle deine Spielfigur auf Start.
2. Würfle. Setze entsprechend der gewürfelten Augenzahl.
   - → Kommst du auf ein Feld mit einer Malaufgabe, rechne die Aufgabe mit deiner Malreihe aus. Du kommst beispielsweise auf das Feld „ 5 ·" Dann rechnest du mit deiner Malreihe (beispielsweise 2er-Reihe). Die Aufgabe hieße dann 5 · 2 und die Lösung der Aufgabe würdest du in deiner Schnecke mit einem Muggelstein belegen.
   - → Kommst du auf ein Feld mit einer „Schnecke", darfst du dir eine Malaufgabe aussuchen.
   - → Kommst du auf ein Feld mit einem „Blatt", musst du einmal aussetzen.
   - → Kommst du auf ein kariertes Feld, darfst du einem deiner Mitspieler einen Muggelstein von seiner Schnecke nehmen.
3. Wenn der Weg auf dem Spielplan endet, gehst du einfach wieder auf Start.
4. Gewonnen hat, wer zuerst die Reihe (alle Felder) auf seiner 1×1-Schnecke belegt hat.

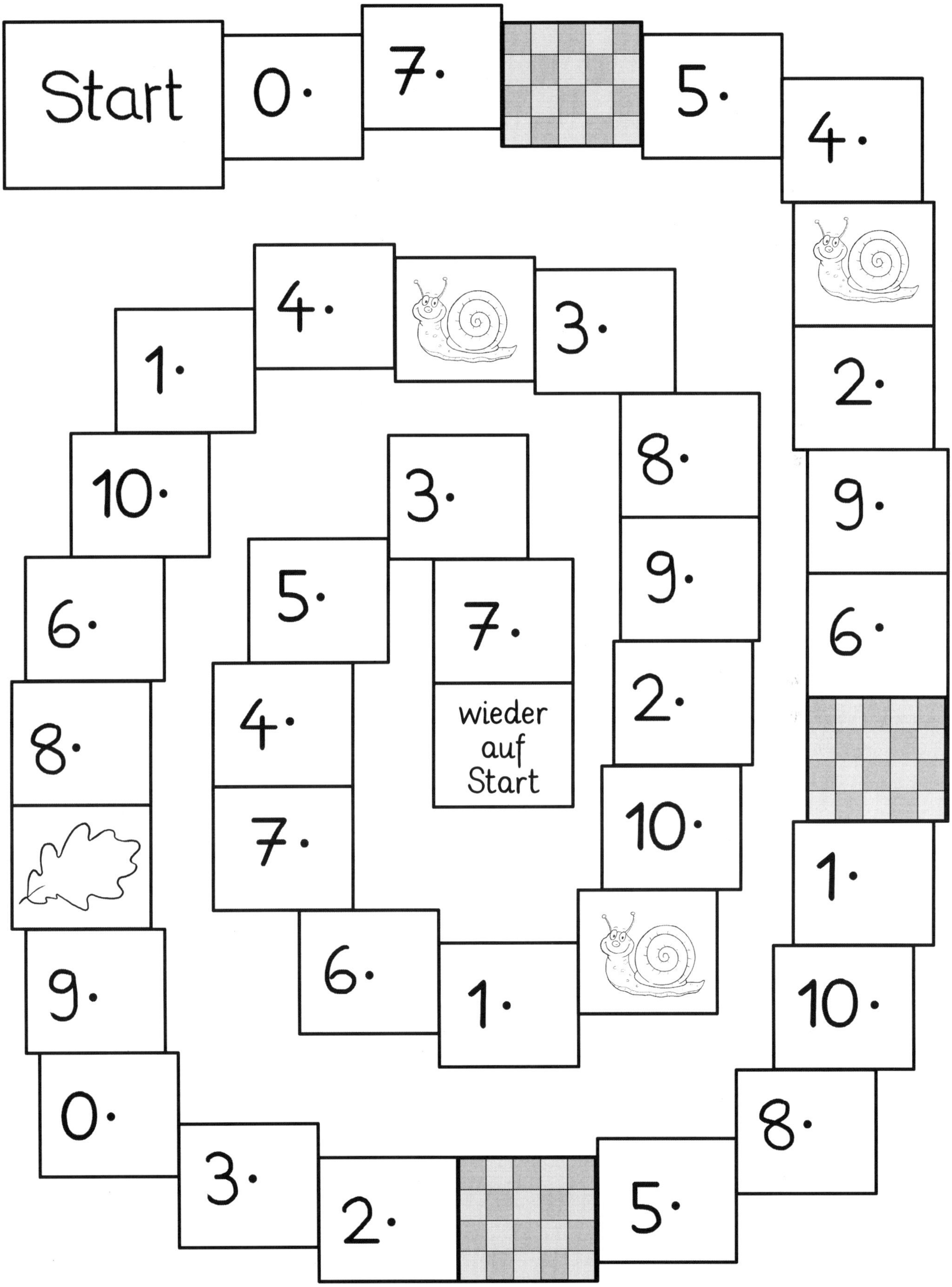

Die bunte 1x1-Schnecke

Start

0 ·

7 ·

5 ·

4 ·

2 ·

9 ·

6 ·

1 ·

10 ·

8 ·

5 ·

2 ·

3 ·

0 ·

9 ·

8 ·

6 ·

10 ·

1 ·

4 ·

3 ·

8 ·

9 ·

2 ·

10 ·

1 ·

6 ·

7 ·

4 ·

5 ·

3 ·

7 ·

wieder auf Start

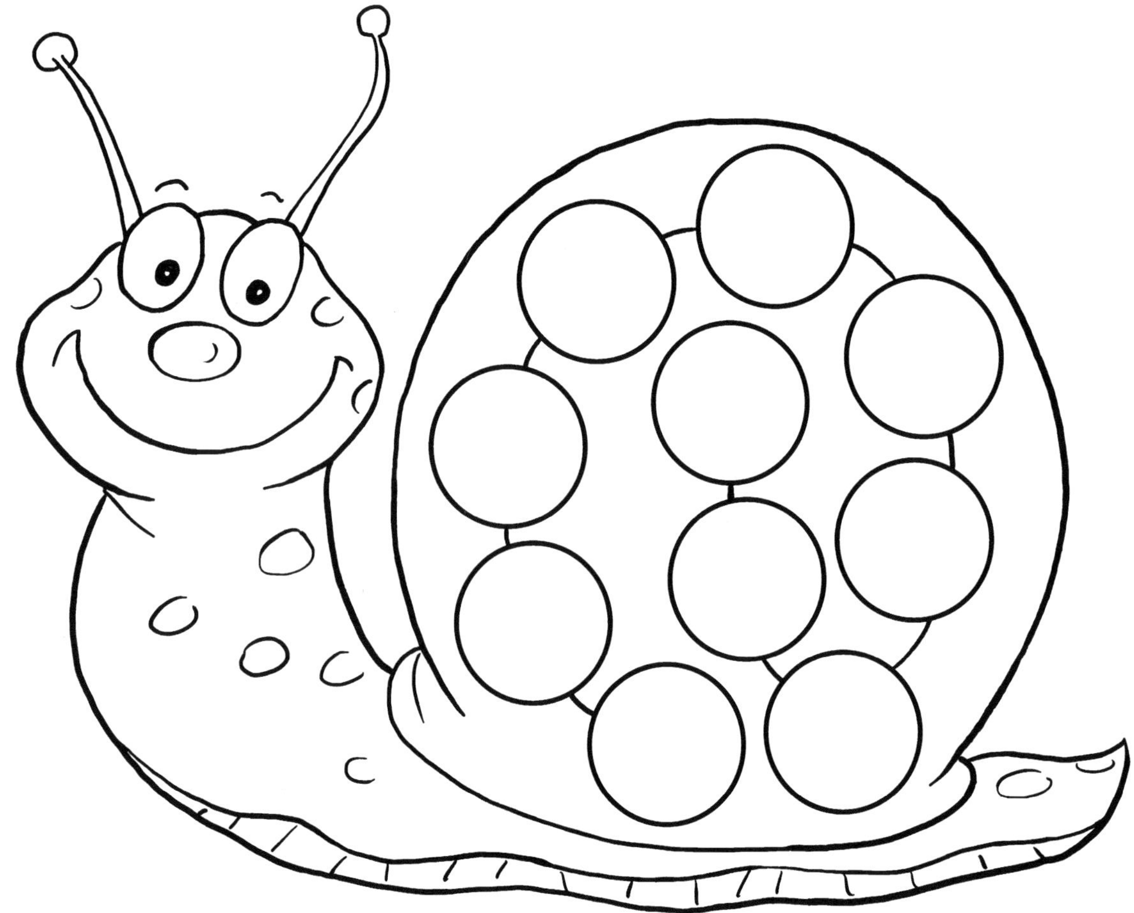

Thema der Förderung:

Einzelne Reihen des kleinen „Einsdurcheins“ automatisieren

Allgemein:

Für viele Kinder ist das Automatisieren des kleinen Einsdurcheins eine schwierige Lernaufgabe. Dieses Spiel dient nicht dazu, ein Operationsverständnis der Division aufzubauen, sondern ermöglicht eine intensive Beschäftigung mit einzelnen 1×1-Reihen. Die Erarbeitung der Division im Vorhinein ist unerlässlich. Kinder mit unterschiedlichen Lernvoraussetzungen können dieses Spiel gemeinsam spielen. So kann das eine Kind die „Geteiltaufgaben“ der 10er-Reihe üben, während ein anderes bereits versucht, sich die „Geteiltaufgaben“ der 7er-Reihe zu merken. Im Verlauf des Spiels wird dem Kind deutlich, wie es die Einmaleins-Reihen für die „Geteiltaufgaben“ nutzen kann. Zu Beginn kann das Kind noch einen 1×1-Plan bekommen, damit es die Ergebnisse der Aufgaben herausfinden kann. Später sollte das Kind die „Geteiltaufgaben“ der zu übenden Reihe ohne Hilfe lösen können.

Einzelförderung:

Das kleine Einsdurcheins fällt vielen Kindern deutlich schwerer als das kleine Einmaleins. Die Schwierigkeit liegt insbesondere darin, dass man sich die Ergebnisse nicht wie beim kleinen 1×1 über die Addition herleiten kann. Wenn ein Kind beispielsweise die Aufgabe 16 : 4 lösen soll, hat es nur die Möglichkeit, dies über die 1×1-Reihe zu lösen oder es muss sich die Lösung handelnd mit Gegenständen erarbeiten. Bei der Aufgabe 4 × 4 kann das Kind auch 4 + 4 + 4 + 4 rechnen, um die Aufgabe zu lösen. Um die „Divisionsaufgaben“ lösen zu können, ist zum einen das Verständnis der Rechenoperation der Division notwendig, zum anderen muss das kleine Einmaleins auswendig gelernt sein. Um einzelne 1×1-Reihen zu lernen, kann es hilfreich sein, die entsprechenden „Divisionsaufgaben“ ebenso einzuüben.

Im Anschluss oder zu Beginn der Förderung kann man sich mit dem Kind gezielt eine Reihe vornehmen, um die Aufgaben dieser Reihe zu automatisieren.

Kleingruppenförderung:

Auch in der Kleingruppe (2–3 Kinder) ist dieses Spiel gut einsetzbar. Es können bis zu drei Kinder mit einem Spielplan spielen. Es ist nicht zwingend notwendig, dass die Kinder verschiedene 1×1-Reihen bearbeiten. Es können auch alle erst einmal die Zahlen zu einer Einmaleins-Reihe heraussuchen.

Spielvariationen:

Da Kinder in der Regel gerne Monster malen, kann man auch eigene Monster von den Kindern malen lassen, auf denen die zehn Felder mit Geldstücken gemalt werden. Es macht noch mehr Spaß, wenn man mit selbst gestalteten Monstern spielt.

Die schrecklichen Monster: Spielregeln

Vorbereitung: Bevor man das Spiel mit Kindern spielt, muss festgelegt worden sein, welche Reihe jedes Kind übt. Es können aber nicht alle 1×1-Reihen miteinander geübt werden. Auf jedem Spielplan gibt es drei 1×1-Reihen, die als „Divisionsaufgaben" geübt werden können.

Material: Ein Augenwürfel 1–6, ein Spielplan „Die schrecklichen Monster", Muggelsteine, pro Spieler ein Monster, auf dem es seinen Divisor einträgt (leeres Feld)

Ziel: Gewonnen hat derjenige, der sein Monster zuerst mit Muggelsteinen belegt hat.

Spielanweisung:

In der Mitte liegt ein Spielplan „Die schrecklichen Monster". Jeder hat zusätzlich sein eigenes Monster vor sich liegen. Auf dem Monster-Spielplan wird nun der Divisor eingetragen, also zu der Reihe, die geübt werden soll. Es muss darauf geachtet werden, welcher von den drei Spielplänen eingesetzt wird! Wenn ich die 5er-Reihe als „Geteiltaufgabe" üben möchte, ist der Spielplan „Die schrecklichen Monster" auszuwählen, auf dem auch „: 5" steht.

Es wird immer abwechselnd gewürfelt. Du darfst in jede Richtung setzen, aber beim Setzen selber die Richtung nicht ändern!

1. Stelle deine Spielfigur auf Start.
2. Würfle. Setze entsprechend der gewürfelten Augenzahl.
   → Kommst du auf ein Feld mit einer Zahl, musst du überlegen, ob sie in der 1×1-Reihe vorkommt, die du dir ausgesucht hast. Ist das der Fall, löst du nun die Aufgabe. Also bist du beispielsweise auf dem Feld 8 gelandet und du willst durch 2 teilen, heißt die Aufgabe 8 : 2. Die Lösung ist 4. Du belegst dann entsprechend die Lösung auf deinem Monster.

   → Kommst du auf ein Feld mit einer Zahl, die nicht in deiner 1×1-Reihe vorkommt, ist der nächste Spieler an der Reihe.

   → Kommst du auf ein Feld mit einem „Zaubertrank", bekommt dein Monster einen zusätzlichen Muggelstein.

   → Kommst du auf ein Feld mit einem Monster, darfst du einem Mitspieler einen Muggelstein wegnehmen.
3. Gewonnen hat, wer zuerst alle Felder auf seinem Monster belegt hat.

Das übe ich
:

Das übe ich
:

Die schrecklichen Monster

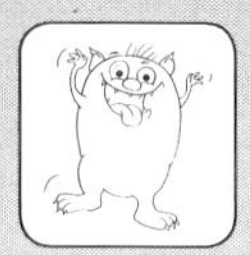

: 4 **: 6** **: 10**

4	6	90	24	70	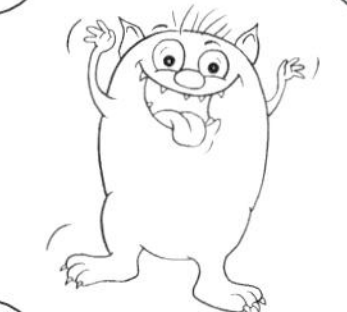
80					**18**
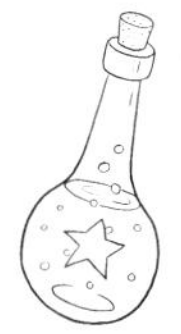		36	8	100	16
42					60
20					
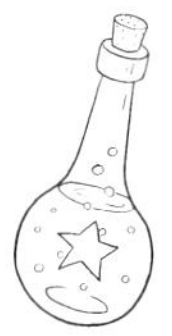	10	30		28	48
50					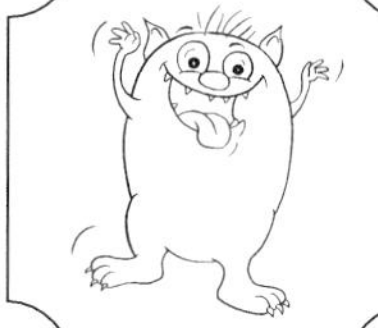
12		40	START	54	32

Die schrecklichen Monster

: 2 | **: 3** | **: 5**

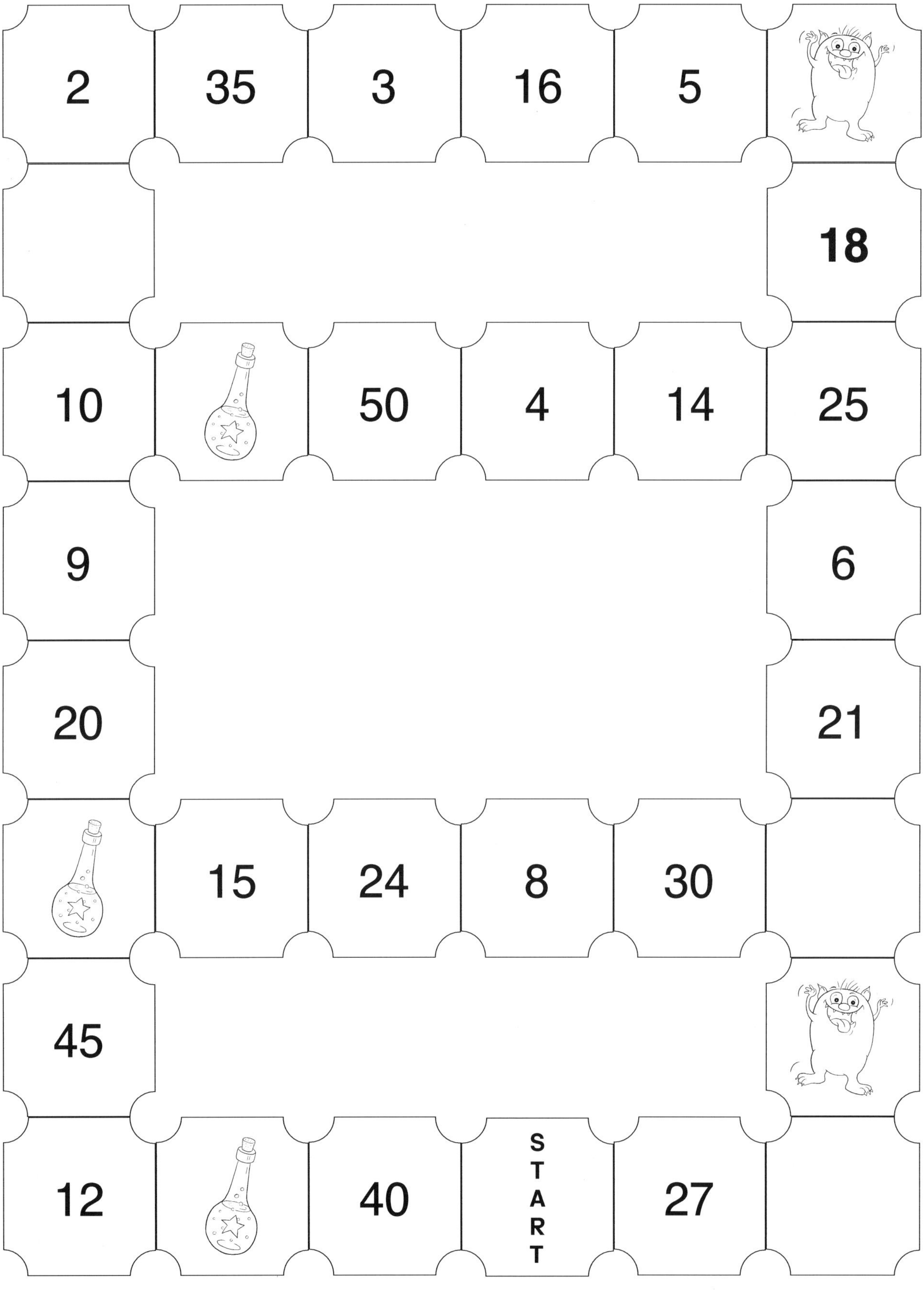

2	35	3	16	5	
					18
10		50	4	14	25
9					6
20					21
	15	24	8	30	
45					
12		40	START	27	

: 7 **: 8** **: 9**

9	7	48	81	70	
80					**49**
18	27	35	16	64	36
54					21
14					24
	45	28	8	63	90
56					
42	63	40	START	72	32